国家林业局职业教育“十三五”规划教材

# 生物多样性保护与森林文化

林向群　主编

中国林业出版社

**图书在版编目（CIP）数据**

生物多样性保护与森林文化/林向群主编．—北京：中国林业出版社，2016.2（2024.1重印）
国家林业局职业教育“十三五”规划教材
ISBN 978-7-5038-8423-8

Ⅰ.①生…　Ⅱ.①林…　Ⅲ.①生物多样性－生物资源保护－高等职业教育－教材 ②森林－文化－高等职业教育－教材　Ⅳ.①X176 ②S7-05

中国版本图书馆 CIP 数据核字（2016）第 034437 号

中国林业出版社·教育出版分社
策　划：肖基浒　吴　卉　　　　　责任编辑：肖基浒
电　话：（010）83143555　　　　传　　真：（010）83143516
E-mail：jiaocaipublic@163.com

出版发行：中国林业出版社（100009　北京市西城区德内大街刘海胡同7号）
电话：(010)83143500
网址：http://www.forestry.gov.cn/lycb.html
经　销：新华书店
印　刷：北京中科印刷有限公司
版　次：2016年2月第1版
印　次：2024年1月第7次印刷
开　本：787mm×1092mm　1/16
印　张：8
字　数：200千字
定　价：30.00元

# 《生物多样性保护与森林文化》编写人员

主　　编

林向群

副 主 编

牛焕琼　林光辉

参　　编

白　冰　乔　璐　李维锦　苏腾伟　王雨芊

# 前　言

本教材以专题的形式展现生物多样性保护和森林文化的相关内容。专题一走进生物多样性的主要内容涉及生物多样性公约提出的概念、生物多样性三个层次的认识、生物多样性概况；专题二抢救生物多样性的主要内容涉及生物多样性的威胁现状、受威胁的原因、濒危物种认识；专题三保护生物多样性的主要内容涉及生物多样性热点地区与关键区域介绍、生物多样性保护措施与途径；专题四森林文化与生物多样性的主要内容涉及森林文化的内涵与特征、森林文化与生物多样性的关系。

教材的结构是以“学生主体、行动导向”的形式开展的专题活动架构，通过学生亲身实践，使学生深刻体会到生物多样性保护的重要性以及森林文化的内涵，由此而让学生们自觉地成为生态保护的践行者和倡导者。

由于时间和编者水平有限，难免有疏误之处，敬请读者批评指正。

编者

2016. 1. 20

# 目　录

# 引　　言

生物多样性是一个自然层面的论题，文化则是人文层面的论题。二者之间究竟有什么关联呢？早在生物科学发展的初期，达尔文的《进化论》就肯定了“人类是自然界的一部分”“是从较低级的动物基础上发展起来的动物”。达尔文强调“物竞天择”，同时也强调“文化是利用自然的手段”。达尔文关于人类是自然界的组成部分的观点恰恰和中国古代文化中“天人合一”的思想不谋而合。然而“文化是利用自然的手段”的观点，显现出了西方文化“天人对立”的世界观。如今，全球一体化的趋势正迅速改变着世界的面貌，包括人类的文化面貌和自然生态的面貌。无论东方还是西方文化，都在寻求生物与人的新平衡点和人与自然生态的和谐共存。由于这样一个有关人类未来命运的原因，东西方的科学家和社会学家都在努力探求和寻找人与自然和谐共存的办法和途径，生物多样性保护和人类文化多样性的保护也包括在内。

文化多样性的发展建立在生物多样性的基础上。人类早期从采集野生植物、狩猎野生动物开始到建立原始农业、发展现代农业和现代工业、信息社会，衣、食、住、行、治病、娱乐、体育运动都离不开动物和植物；选择优良品种，淘汰不喜欢的动植物，从原产地引种传播植物到新的地方，等等，人类文化的发展促进了动植物的栽培家养；人类文化信仰中的禁忌和崇拜保护了一些动植物物种和栖息地等行为，不但影响了生物多样性的地理分布、种群数量和形态特征，而且在一定范围内增加或减少了生物多样性的内容和组成，特别是动植物的遗传多样性和景观多样性的改变。这种生物与文化之间的关系决定了生物多样性与文化多样性相互作用的普遍性。

——《民族文化与生物多样性》裴盛基，龙春林

# 引　言

# 专题一　走进生物多样性

## 1. 认知生物多样性

### 活动一：认识生物多样性

【活动目标】

多样性包括生物多样性和文化多样性两个主题。生物多样性是自然界稳定、繁荣和发展的基础，是自然环境的本质特征。文化多样性是各群体和社会对环境多样性的文化适应，是人类社会的基本特征。通过讨论，使活动参与者认识多样性的概念、内涵和价值，形成生物和文化多样性的保护意识和行动的自觉性。

【活动方式】

专题讨论。参与者事先选择讨论的主题，并作讨论准备。活动中，参与者以小组为代表阐述主题和观点，其他人员共同参与讨论，教师进行引导和评价。

【活动内容】

结合全社会对多样性的宣传和认识的现状，以及所在地的区域特征开展讨论。讨论的主题主要有：

1. 全球多样性保护的紧迫性和重要性，本地区多样性保护的意义；
2. 本地区有代表性的动植物，及其开发利用状况和存在的问题；
3. 本地区生物多样性保护经历的变化过程，变化的本质；
4. 本地区文化多样性的背景和现状。

【活动记录】

1. 当地有代表性的动植物：______________________________

2. 生物多样性的价值：______________________________

3. 当地的代表性文化：______________________________

【活动启示】

【活动评估】

以小组为单位进行活动评估，根据参与者活动前的准备、活动的参与，活动后的问题总结和发现进行评估。

【背景知识】

## 1.1 生物多样性保护产生的背景

第二次世界大战以后，国际社会在发展经济的同时开始关注生物资源的保护问题，并且在拯救珍稀濒危物种、防止自然资源的过度利用等方面开展了很多工作。

1948 年，联合国和法国政府创建了世界自然保护联盟(International Union for Conservation of Nature，IUCN)。

1961 年，世界野生生物基金会(World Wildlife Fund International)建立，后期更名为世界自然基金会(World Wide Fund for Nature，WWF)。

1971 年，联合国教科文组织(United Nations Educational，Scientific and Cultural Organization，UNESCO)提出了著名的"人与生物圈计划"。

1980 年由 IUCN 等国际自然保护组织编制完成的《世界自然保护大纲》正式颁布，提出了把自然资源的有效保护与资源的合理利用有机地结合起来，对促进世界各国加强生物资源的保护工作起到极大的推动作用。

1987 年，世界环境与发展委员会(World Commission on Environment and Development，WCED)得出了发展经济必须减少环境破坏的结论，这份划时代的报告题为"我们共同的未来"，它指出，人类已经具备实现自身需要并且不以牺牲后代实现需要为代价的可持续发展的能力；报告同时呼吁"一个健康、绿色的经济发展新纪元"。

1992 年 6 月，在巴西里约热内卢召开了由各国首脑参加的最大规模的世界环境与发展大会，此次"地球峰会"签署一系列有历史意义的协议，包括《气候变化公约》(United Nations Framework Convention on Climate Change，UNFCCC)和《生物多样性公约》(Convention on Biological Diversity，CBD)。《气候变化公约》的目标是控制 $CO_2$ 等温室效应气体排放。《生物多样性公约》是一项保护地球生物资源的国际性公约，于 1993 年 12 月 29 日正式生效。联合国《生物多样性公约》缔约国大会是全球履行该公约的最高决策机构，一切有关履行《生物多样性公约》的重大决定都要经过缔约国大会的通过。常设秘书处设在加拿大的蒙特利尔。截至 2004 年 2 月，该公约的签字国有 188 个。中国于 1992 年 6 月 11 日签署该公约，1992 年 11 月 7 日被批准。

发展中国家在开展与公约有关的活动时，可以从公约的财务机制中获得资助，如全球环境基金(Global Environment Facility，GEF)。GEF 在对全球环境具有重大作用的 4 个领域促进国际合作并提供资助：生物多样性的丧失、气候改变、臭氧层耗竭和国际水资源的衰竭。1991—2006 年，GEF 已向 155 个国家的 750 个项目提供了 22 亿美元的资金，融资 51.7 亿美元。

公约提醒决策者，自然资源不是无穷无尽的，公约为 21 世纪建立了一个崭新的理念——生物多样性的可持续利用，成为国际法的里程碑。公约第一次取得了保护生物多样性是人类的共同利益和发展进程中不可缺少部分的共识；涵盖了所有生态系统、物种和遗传资源，把传统的保护努力和可持续利用生物资源的经济目标联系起来；建立了公平合理地共享遗传资源利益的原则，尤其是作为商业性用途；涉及了快速发展的生物技术领域，包括生物技术发展、转让、惠益共享和生物安全等；尤为重要的是，公约具有法律约束力，缔约方有义务执行其条款。

《生物多样性公约》作为一项国际公约，认同了共同的困难，设定完整的目标、政策和普遍的义务，同时组织开展技术和财政上的合作。但是，达到这个目标的主要责任在缔约方自己。因为私营公司、土地所有者、渔民和农场主从事了大量影响生物多样性的活动，政府需要通过制定指导其利用自然资源的法规、保护国有土地和水域生物多样性等措施发挥领导职责。根据公约，政府承担保护和可持续利用生物多样性的义务，必须制订和执行国家生物多样性战略和行动计划，并将这些战略和计划纳入更广泛的国家环境和发展计划中，这对林业、农业、渔业、能源、交通和城市规划尤为重要。

## 1.2 生物多样性的概念

生物多样性资源是自然资源的重要组成部分，是可再生的资源，它涉及人们生活的方方面面，为人们提供衣、食、住、行所需的物质资料，因此是自然保护的主要内容。

生物多样性(biological diversity 或 biodiversity)：是指所有来源的活的生物体中的变异性，这些来源包括陆地、海洋和其他水生生态系统及其所构成的生态综合体，这包括物种内、物种之间和生态系统的多样性。(《生物多样性公约》)。

生物多样性是所有生物种类、种内遗传变异和它们的生存环境所组成的生态系统(汪松、陈灵芝，1990)。

目前，生物多样性的 3 个主要层次是物种多样性、遗传多样性和生态系统多样性。这是生物组建的 3 个基本层次，其中物种多样性又是其中最明显、最容易测定的。

生物多样性既是生物之间、生物与环境之间复杂关系的体现，也是生物资源丰富多彩的标志。它是对自然界生态平衡基本规律的一个简明的科学概括，也是衡量生产发展是否符合客观规律的主要尺码。一个区域或生态系统的保护是否完整，在很大程度上由生物多样性的保护和利用是否合理来决定。随着人们对生物多样性相互关系的认识不断深入，越来越注意到生态系统中生物多样性问题的重要，而生物多样性的保护正是集中在生态系统这个关键环节上。研究生物多样性的目的在于了解丰富的生物种类及其相互之间，以及与环境之间复杂的关系，减缓当前物种日益濒临灭绝的趋势，使这些珍贵的自然遗产得到适当的保存。

## 1.3 生物多样性的价值

生物多样性的价值包括比较容易觉察和衡量的直接价值、难以直接用货币形式表现的间接价值、使未来选择成为可能的选择价值，以及基于物种间平等的生态伦理价值。

### 1.3.1 生物多样性的直接价值

生物多样性的直接价值是通过生物物种被直接用作食物、药物、能源、工业原料时体现出来的。这类价值通常可以用货币形式表现。

#### (1)粮食来源

生物多样性为人类提供了基本食物。人类历史上约有3 000种植物被用作食物，另有75 000种可食性植物，当前被人类种植的约有150余种。目前人类约90%的粮食来源于20种植物，小麦、水稻、玉米、马铃薯、大麦、甘薯和木薯7种作物占人类所需粮食的75%；仅小麦、水稻和玉米3个物种就提供了70%以上的粮食。

#### (2)蛋白质来源

各种家畜、家禽、鱼类、海产品为人类提供必需的蛋白质和其他营养元素。全世界每年生产的水产品中有一半以上来源于天然捕捞，这些产品有的直接上市供人类食用，也有的作为养殖饲料间接地为人类提供动物蛋白质。在中国，人们通过种植小麦、玉米、水稻和大豆获取植物蛋白，通过驯养牛、羊、猪、鸡、鸭等畜禽获得动物蛋白。在不发达的国家或地区，人们还依靠获取野生动植物作为食物。加纳人所需蛋白质的75%来源于野生鱼类、昆虫和蜗牛等。在刚果民主共和国，人们所需的动物蛋白质约有75%来源于野生资源。

#### (3)药物来源

药物资源依靠植物、动物和微生物获得。发展中国家人口的80%依赖植物或动物提供的传统药物，西方医药中使用的药物有40%含有最初在野生植物中发现的物质。在中国，中医使用的植物药材达1万种以上，如天麻、人参、茯苓、黄连、冬虫夏草、猴头和灵芝等。实验动物对医药研究疫苗培育十分重要，有的动物可作为主要药物，如鹿茸、麝香、虎骨，水蛭素的抗凝剂，蜂毒可治疗关节炎，蛇毒可控制高血压，有的则作为临床试验动物。微生物用于生产抗菌素、酶制剂、有机溶剂、酒及酒精、氨基酸、维生素、菌肥等。

#### (4)工业原料

生物多样性还为人类提供多种多样的工业原料。植物提供的原料有木材、纤维、橡胶、白蜡、紫胶、生漆、松脂、樟脑、单宁、染料等，动物提供的原料有油脂、蚕丝、皮革和羽毛等。

以上是生物多样性的消费性价值。生物多样性对于人类还有非消费性的价值，即提供人类欣赏的对象。如果自然界没有动植物，也就谈不成旅游和休憩。正是雄奇秀丽的山水、森林和草地，与千姿百态的飞鸟虫鱼，构成了大自然美景，丰富了人们的精神生活，为科学探索和艺术提供灵感和源泉。

### 1.3.2 生物多样性的间接价值

生物多样性的间接价值主要是维持生态平衡和环境稳定，表现在以下几个方面：

#### (1)能量转化和固定

绿色植物的光合作用将光能转化为化学能，把简单无机物($CO_2$和$H_2O$)合成有机化合物($C_6H_{12}O_6$)，并储藏在有机物中，实现了能量的转化和固定。

### (2)维护生态平衡

以木本植物为主体的森林具有调节气候、涵养水源、保持水土、防风固沙、降低噪音、净化空气等多种效益，从而减少自然灾害的发生，维护生态平衡。

森林是一座“绿色的水库”。1 亩林地比 1 亩无林地至少能多蓄水 $20m^3$，5 万亩森林所能含蓄的水量相当于 1 座库容 $100 \times 10^4 m^3$ 的大水库。这是因为森林的林冠和林地松软的枯枝落叶层可以截留雨水，滞留地表径流，使雨水慢慢渗入林地。$1hm^2$ 森林在 24 h 内能吸收 1 000kg $SO_2$，制造 730kg $O_2$，因此森林又是“绿色氧吧”。$1hm^2$ 松林每年可阻滞或吸附灰尘 36 t，云杉为 32 t，水青冈、槭树和橡树混交林为 60 t；1 $hm^2$ 柳杉每月能吸收约 60kg $SO_2$，所以，森林又是“天然吸尘器”。一条宽约 40m 的绿化林带能使环境噪音降低约 10 ~ 15dB，分枝低矮、林冠浓密的乔灌木混交林带消音效果最好，因此，人们又把森林看作“活的消音器”。一片能分泌挥发性植物杀菌剂的森林，能杀死空气和土壤中绝大部分病原菌，对空气和土壤进行消毒，因此人们也把森林看作“天然防疫员”。

群众生动的谚语，表述了森林的多种效益：

“山上没有树，水土保不住；山上多栽树，等于修水库；有雨它能吞，无雨它能吐”；

“山上开荒，平地遭遇”；

“山地开荒，平地喝汤”；

“一道防风林，十年丰收粮”；

“山上没有树，庄稼保不住”；

“没有树就没有水，没有水就没有粮，没有粮就没有人”，等等。

### (3)吸收和分解有机物

微生物的分解作用，能把动植物尸体进行分解，把复杂的有机物变成简单的无机物。而光合作用是合成无机物，分解作用是分解有机物，从而完成了自然界中的物质循环。

### (4)提高农业产量和质量

野生生物的抗性(抗病性、抗旱性等)比栽培种强得多，把野生种抗性基因引入驯化或栽培种，能大幅提高农业生产力水平。

我国的 700 多万群家养蜜蜂和近万种野生蜜蜂是虫媒植物繁衍后代的“媒介”，尤其对多种农作物，果树、牧草、蔬菜和其他经济植物产量和质量的提高具有重要作用。

利用生物多样性可以防治病虫害。生物多样性丰富的地区，一般不易发生灾难性病虫现象。因为生态系统中食物网各营养级上的生物都是相互制约的，任何一种物种都不可能无限增长，故处于平衡状态。人类活动使完整的食物网受到破坏，物种间的相互制约作用不复存在，导致病虫害频繁发生，给当地社会带来巨大经济损失和生态灾难。中国科学院昆明植物研究所西双版纳热带植物园和昆明生态研究所与地方合作，通过模拟热带环境，推广橡胶与茶叶间作，一方面减轻了橡胶树的冻害，另一方面减少了虫害。据统计，胶茶群落中，有害虫天敌蜘蛛 123 种，蜘蛛吃掉了害虫，避免了往茶树喷药。

2010 年 5 月 20 日，中国森林生态服务功能评估结果首次发布(以第七次全国森林资源清查成果为基础)，中国森林生态系统在涵养水源、保育土壤、固碳释氧、积累营养物质、净化大气环境与生物多样性保护等6项生态服务功能总价值为每年10万亿元，大体上相当于我国GDP总量30万亿元的三分之一。中国森林植被碳储量总量为$78.11\times10^8$t，相当于燃烧$109\times10^8$ t标准煤的$CO_2$排放量。其中乔木林占85.29%，疏林地、散生木和四旁树占7.59%，灌木林占4.58%，竹林占2.54%。

发达国家早已实施了生态效益补偿。澳洲“地球庇护所”公司在1998年用2 500万美元购买了$9\times10^4hm^2$土地造林，2000年5月开始股票交易，产品为固碳、洁净水、生物多样性；一个20年的澳洲农场的收入中，麦子占40%，棉花占15%，过滤水分占15%，木材占10%，碳固定占7.5%，控制盐泽化占7.5%，生物多样性占5%；自1997年开始，哥斯达黎加政府一直向农场主支付生态服务费，包括碳固定、集水区保护、生物多样性保护、景观美化等，每年每公顷大约50美元。

#### (5) 文化及科研价值

良好的自然景观为人类提供了居住、娱乐和休养的场所，多姿多彩的自然环境与生物也给人类带来美的享受。人们采用不同方式利用生物资源开展娱乐和旅游活动，如参观动物园和保护区、野外观鸟、赏花、森林浴等，促进了人类身心的健康，也是艺术创造的源泉。世界各地的饮食、建筑、服饰、宗教信仰等文化，与当地的自然环境、生物资源密切相关。艺术家以生物为源头创作了大量艺术作品，如民间刺绣、绘画、文艺写作、摄影、影视、雕刻等作品中永久的主题“花鸟鱼虫、野生动物、山川河流”；诗词文学作品中经典的词语成语，如虎虎生威、马到成功、雄鸡齐鸣、气壮山河、高风亮节、出淤泥而不染、梅花香自苦寒来等，无不是受到大自然的启示，表现自然界及生物的自然美和精神内涵。

物种多样性对科学技术的发展同样是不可或缺的，如仿生学的发展离不开丰富而奇异的生物世界。飞机来自人们对鸟类的模仿；船和潜艇来自人们对鱼类和海豚的模仿；火箭升空利用的是水母、墨鱼反冲原理。被称为“四害”之一的苍蝇科研价值非同一般。苍蝇的头部有一对触角，即非常灵敏的嗅觉感受器，科学家据此仿制出一种奇特的小型气体分析仪，该仪器的触角不是金属，而是活动苍蝇；苍蝇的楫翅是天然导航仪，科学家据此成功仿制一种振动陀螺仪，它能校正飞机、舰船和火箭的航向；苍蝇有一对复眼，科学家据此研制出“蝇眼相机”，一次可拍摄1 329张相同的照片，分辨率高达每厘米4 000多条线；此外，科学家还研制出光学测速仪以测量转动的物体的速度。苍蝇特别是苍蛆，含有丰富的蛋白质、脂肪以及钙、镁、磷等微量元素。苍蝇繁殖能力在昆虫世界位居第一，一对苍蝇4个月内可生育2 660亿个蝇蛆，可积累蛋白质600 t以上，是迄今用其他方法生产动物蛋白无法相比的。不难看出，如果人类使苍蝇灭绝，将消灭人类的一种宝贵资源。

### 1.3.3 生物多样性的选择价值

生物多样性的选择价值又称为潜在价值，即为后人提供选择机会的价值。随着时间的推移，生物多样性的最大价值还在于为人类提供适应当地和全球变化的机会。

将来人们会遇到意想不到的挑战，有些物种现在看来毫无用途，也许将来某一天却能帮助人类免于饥荒，祛除疾病，特别是由于环境不断受到破坏，现在的经济作物也许适应不了将来恶劣的环境，这意味着人们要另谋出路。因此，必须十分珍惜自然界的一草一木。每个物种或品种随着对生物资源需求量的增多，而供应量不断减少，如果现有趋势继续延续，生物多样性的价值可能不断增加。如果这些物种遭到破坏，后人就再没有机会利用或在各种可能性中加以选择。因此，保护生物多样性，也就保护了其潜在的价值。

### 1.3.4 生物多样性的伦理价值

生物多样性的伦理价值观认为：所有物种是相互依存的，每一物种都有生存的权力，自然具有超越经济价值的精神和美学价值，人类必须和其他物种生活在同一个生态范畴内，不应凌驾于其他物种之上，不应主宰其他生物的命运，尊重人类生活和人类多样性与尊重生物多样性是一致的。人们必须对他们的行为负责，对未来的后代负责任。

一些伦理学家甚至提出以下问题：

商品价值——动物或植物可以用来制药或贩卖吗？

舒适度价值——物种能否以非物质的方式提高人们的生活质量？Henry David Thoreau认为，人类观察其他动植物是提高生活质量的重要部分。

道德价值——物种是否有其自身的价值，而与人类的需求无关？

## 1.4 文化多样性

文化多样性主要指民族文化的多样性，表现形式主要有语言文字、宗教信仰、思想理论、文学艺术、民居建筑、风俗习惯等方面。透过民族节日和文化遗产，我们可以深切地感受民族文化多姿多彩的魅力。

2005年10月第33届联合国教科文组织大会上通过的《保护和促进文化表现形式多样性公约》中，“文化多样性”被定义为各群体和社会借以表现其文化的多种不同形式。这些表现形式在它们内部及其间传承。文化多样性不仅体现在人类文化遗产通过丰富多彩的文化表现形式来表达、弘扬和传承的多种方式，也体现在借助各种方式和技术进行的艺术创造、生产、传播、销售和消费的多种方式。文化多样性是人类社会的基本特征，也是人类文明进步的重要动力。

2001年11月联合国教科文组织通过《世界文化多样性宣言》。联合国大会随即在其57/429号决议中赞成这一宣言，还赞成其所附的执行宣言的《行动计划》，并宣布5月21日为世界文化多样性促进对话和发展日。世界文化多样性促进对话和发展日，为我们提供了一个机会，来更深入地了解文化多样性的价值和更好地生活在一起。为庆祝一年一度的世界文化多样性促进对话和发展日，联合国教科文组织和联合国不同文明联盟发起了基层运动“为多样性和包容做一件事”。2012年的活动中，鼓励来自世界各地的个人和组织采取具体行动，支持多样性，旨在提高全世界对文化间对话的重要性、多样性和包容性的认识。要建立国际社会对个人的承诺，以支持实际日常生活形态的多样性。要消除两极分化和成见，以提高来自不同文化背景的人民之间的了解和合作。既要认同本民族文化，又要尊重其他民族文化，相互借鉴，求同存异。

①尊重世界文化多样性，共同促进人类文明繁荣进步。

②尊重文化多样性，首先要尊重自己民族的文化，培育好、发展好本民族文化。承认世界文化的多样性，尊重不同民族的文化，必须遵循各民族文化一律平等的原则。

③在文化交流中，要尊重差异，理解个性，和睦相处，共同促进世界文化的繁荣。

④尊重文化多样性是发展本民族文化的内在要求；尊重文化多样性是实现世界文化繁荣的必然要求。应遵循既保持各民族文化差异和平等竞争的权利，又维护文化互动交流、自由创造的权利的原则。

文化遗产是一个国家和民族历史文化成就的重要标志。民族节日蕴含着民族生活中的风土人情、宗教信仰和道德伦理等文化因素，是一个民族历史文化的长期积淀。

庆祝民族节日是民族文化的集中展示，也是民族情感的集中表达。文化遗产不仅对研究人类文明的演进具有重要意义，而且对展现世界文化的多样性具有独特作用。它们是人类共同的文化财富，对还原和客观评价历史具有史实证据的价值。

# 2. 物种多样性

## 活动二：观察植物多样性

【活动目标】

利用校园生态环境，认识校园植物的种类、生长属性、作用及其与环境之间的关系，发现校园植物的自然美，体验自然乐趣，养成亲近自然的习惯，培养开展保护与宣传植物多样性的能力。

【活动方式】

以摄影和记录为主要方式。

【活动内容】

活动组织者自选主题，把校园中葱郁的树木、娇艳的花朵、青翠的小草等植物作为观察对象。参与者全程参与活动，通过观察了解校园的植物多样性。

【活动记录】

______________________________

______________________________

______________________________

______________________________

【活动启示】

______________________________

______________________________

______________________________

______________________________

【活动评估】

对活动组织者分别从主题的选择、植物种类的多少、植物的作用以及展现方式等方面进行自我和教师评价。

______________________________

______________________________

______________________________

______________________________

## 2.1 物种和种群

物种即生物种，是分类的基本单位。一个物种必须具备以下 3 个条件：

①相对稳定而一致的形态特征，以便与其他物种相区别；

②以种群的形式生活在一定空间；

③具有特定的遗传基因库，同种的不同个体之间可以相互配对繁殖后代，不同种的个体之间存在生殖隔离。

物种不是一个静止的单位，而是进化过程中一个动态的实体。同一物种可能不同时期有不同的形态，如昆虫一生要经过卵、幼虫、成虫、蛹 4 个不同形态阶段，桉树幼苗期和大树期的叶片完全不同。

在一定时间内占据一定空间的同种生物的所有个体称为种群(Population)。种群中的个体并不是机械地集合在一起，而是可以彼此交配，并通过繁殖将各自的基因传给后代。种群是进化的基本单位，同一种群的所有生物共用一个基因库。对种群数量变化与种内关系的研究是生物多样性保护的重要内容。一个物种各种群中，以下四个方面的特征直接关系到其生存和将来的命运。

①数量特征　这是种群最基本的特征。种群由多个个体组成，其数量大小受到出生率、死亡率、迁入率和迁出率 4 个种群参数的影响，这些参数又受种群的年龄结构、性别比率、分布格局和遗传组成的影响，从而形成种群动态。

②空间特征　种群均占据一定的空间，其个体在空间分布上可分为聚群分布、随机分布和均匀分布，在地理范围内还形成地理分布。

③遗传特征　既然种群是同种的个体集合，那么就具有一定的遗传组成，是一个基因库，但不同地理种群存在基因差异，不同种群的基因库不同。种群的基因频率世代传递，在进化过程中通过改变基因频率以适应环境的改变。

④系统特征　种群是一个自组织、自调节的系统。它包括一个特定的生物种群和作用于该种群的全部环境因子，是一个整体。因此，从系统的角度通过研究种群内在的因子和生境内各种环境因子与种群数量变化的相互关系，才能真正揭示种群数量变化的机制与规律。

## 2.2 物种多样性

物种多样性是指动物、植物和微生物种类的丰富性。物种多样性包括两个方面的内容：一方面是指一定区域内物种的丰富程度，可称为区域物种多样性；另一方面是指生态学方面的物种分布的均匀程度，可称为生态多样性或群落多样性。物种多样性是人类生存和发展的基础。

目前已定名 170 多万种物种，其中动物 134.212 5 万种(77.04%)，植物 40 万种(22.96%)。生物学家普遍认为生物种类的最少数目约为 1 400 万种。生物物种多样性表现为种类繁多、数量巨大、分布广泛及生活习性的多样性等。无论在辽阔的平原、冰雪覆盖的高山，还是在南极或北极、江河湖海、大气、土壤，都生活着各种各样的生物。不同物种的数量迥异，有些物种种群数量庞大；有些物种分布范围有一定限制，出现特有现象，且数量较少、分布地带狭窄。

物种的多样性还体现在形态结构、寿命、生活方式、生存环境、营养方式的多样性。小到 0.5 μm 的单细胞细菌，寿命只有 20 分钟，大到参天大树如美洲红杉(*Sepuoia semmpervirens*)，高度超过 100m，直径达 8 ~ 10m，寿命 2000 年以上；最小的种子植物是无根萍属植物(*Wolffia* spp.)，叶状体长 1.2 ~ 1.5mm，每平方米水面可达 100 万个，是培养鱼苗的优良饲料。世界上最重的木材是铁力木，每立方米重达 1 122kg。最轻的木材是原产美洲的木棉科大乔木轻木(*Ochroma lagopus*)，每立方米重 115kg，1 个正常的成年人可以抬起约等于自身体积 8 倍的轻木。在 1972 年的世界林业大会上，团花树(*Neolamarckia cadamba*)被各国专家公认为"奇迹式的树木"。它的生长十分迅速，10 龄以前年平均高度增长 2 ~ 3m，直径增长 4.5 ~ 5.5cm，每年每公顷材积生长量可达 80 ~ 90$m^3$，是最理想的人工造林树种之一。生物生活环境的多样性有陆生和水生、阳生和阴生、旱生和湿生；而生活习性的多样性有腐生性、寄生性、共生性、草食性、肉食性、杂食性等。

全球物种分布具有以下重要特征：

①在地球表面生物圈内，生物多样性的垂直分布和水平分布极为明显，物种的丰富程度与纬度呈明显的反比关系。即使考虑高纬度地区地表面积减少等因素的修正，离赤道越远，物种也越稀少。

②热带雨林仅覆盖了 7% 的陆地面积，但是其中生存着 50% 的生物物种。

③1800 年以来，物种流失的速度开始加快。

物种多样性常用物种丰富度(Species richness)、物种密度(Species density)和特有种比例(Ratio of endemic species)来表示。物种丰富度是指一定面积内种的总数目。生物群落的数量则用密度来表示，即单位面积上特定的种和株数。特有种比例指在一定区域内，某个特定类群特有种占该地区物种总数的比例。

在自然界每个特定位置都有不同种类的生物，其活动以及与其他生物的关系取决于它的特殊结构、生理和行为，故具有自己的独特生态位。生态位(Ecological niche)是指每个个体或种群在种群或群落中的时空位置及功能关系，如占有的空间，在群落中的功能和营养位置，以及在温度、湿度、土壤等环境变化梯度中的地位。一个种的生态位是按其食物和生境确定的，如海星在北美洲太平洋沿岸居于主要捕食者的位置。

在生态系统或生物群落中，对维护生物多样性及其结构、功能及稳定性起关键作用的物种称为关键物种(又称为基石种，Keystone species)。关键物种一旦消失或削弱，生态系统或生物群落就会发生根本性变化。如分布于墨西哥至中美洲大部分地区、巴拉圭及阿根廷北部的顶极掠食者美洲豹就是基石物种，在平衡当地的生态系统和调节猎物数量方面占有举足轻重的地位。美洲豹是近危种，虽然美洲豹的贸易已被全面禁止，但它们的栖息地不断减少，尤其在南美洲牧场工人和农夫经常与美洲豹发生冲突，而死伤的往往都是美洲豹，其数量已大幅下降。海獭和蜜蜂也是生态系统中的关键物种。海獭的主要食物是海胆，海藻又是海胆的主要食物。海獭通过捕食控制海胆的数量，保证了海藻的生长，进一步保证了许多以海藻作为栖息生境的鱼类的生存和繁衍，这样的链式反应维持着水生生物的多样性。蜜蜂给树木和花草授粉，这些树木和花草又为蜜蜂提供了栖息地(图 1-1)。

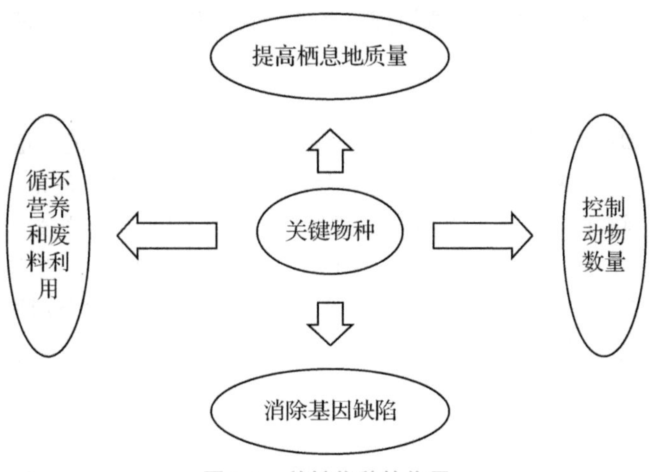


图 1-1　关键物种的作用

2012 年 12 月，世界自然基金会发布《中国生态足迹报告 2012》。报告对中国不同生态系统中的 12 个关键物种的健康水平的研究显示，这些物种虽受到优先保护，但除了朱鹮和麋鹿的种群快速增长、大熊猫和亚洲象的种群有缓慢恢复的趋势之外，大多数关键物种未呈现明显的改善趋势。其中，扬子鳄和白鳍豚已被定性为"极危"，扬子鳄种群数量自 1955 年至 2010 年已下降了 97%；白鳍豚 1980 至 2006 年间下降了 99.4%，已经属于功能性灭绝。

濒危物种(Endangered species)广义上泛指珍贵、濒危或稀有的野生动植物。从野生动植物管理学角度讲，濒危物种是指《濒危野生动植物物种国际贸易公约》(Convention on International Trade in Endangered Species of Wild Fauna and Flora，CITES，1973 年 3 月 3 日签订于华盛顿)附录所列物种及国家和地方重点保护的野生动植物。濒危物种可以分为绝对性和相对性两种。绝对性是指濒危物种在相当长的一个时期内野生种群数量较少，存在灭绝危险。相对性是指某些濒危物种的野生种群绝对数量并不太少，但相对于同一类别的其他物种来说却很少；或者是指某些濒危物种，在另外一些国家或地区可能并不被认为是濒危物种。

## 2.3　物种形成与灭绝

### 2.3.1　物种形成

物种形成(Speciation)是指由于种系的分裂，促使不同分支之间产生生殖隔离，导致新物种的形成。其机理在于，由于自然选择的分化作用，物种的遗传结构变化而形成新种。

物种形成包括 3 个环节：突变为进化提供原料；自然选择是进化的主导因素；隔离是物种形成的必要条件。

物种形成的机制是隔离。

隔离是把一个种群分成许多小种群的最常见的方式。隔离使种群变小，因而基因频率可以由于偶然的因素(如基因漂变，又称随机遗传漂变，指由于偶然发生的变动而造成下一代的基因频率不同于上一代的现象)而改变。基因频率的改变，加上不同环境的选择，使各小种群向不同方向发展，这样就可能形成新种。隔离包括地理隔离和生殖隔离两个方面的内容。

(1)地理隔离(空间隔离)

造成生殖隔离和形态中断的根本原因，能隔断群体间的基因交流。地理隔离是十分普遍的，如同一物种可有许多种群分别存在于不同地区，地理隔离主要阻止了它们之间的交配。这种地理隔离的原因有两种，一种是存在地理屏障，如岛屿上的兽群被海隔绝，绿洲中的兽群被沙漠包绕。这一类型的地理隔离是明显可见的。另一种如欧、亚、北美北部的广阔林带可绵延千里，其间环境条件连续渐变，无法找出明显界线可借以区分出个别种群，但林带中相距较远的同种个体仅因距离的关系无法进行交配，这一类型的地理隔离在进化上起着重要作用。

(2)生殖隔离

指种群间的个体不能自由交配，或者交配后不能产生可育后代的现象。生殖隔离的形式很多，如生境隔离、时间隔离、行为隔离、结构隔离、配子不亲和性、杂种不育等。动物因求偶方式、繁殖期不同，植物因开花季节、花的形态不同而造成的不能交配都是生殖隔离。有些生物虽然能够交配，但胚胎在发育的早期就会死去，或产生的杂种后代没有生殖能力，如马和驴杂交产生的后代——骡，这些也是生殖隔离。这就是说，不同物种的个体之间存在着生殖隔离。经过长期的地理隔离而达到生殖隔离是一种比较常见的方式。一旦出现了生殖隔离，种群之间就没有了基因交流。

地理隔离和生殖隔离在性质上不同。两个种群如果只是在地理上被隔离开，把它们放在一起依然可以彼此交配，因此它们依然是一个种。

物种形成的模式有两种：一个物种转化为另一个物种；或者一个祖先物种产生两个或多个新物种，即物种增值(Multiplication of species)。

## 2.3.2 物种的灭绝

任何物种都会遭遇以下 3 种情况：

①线系长期延续而无显著的表型进化关系——物种形成“活化石”。

②线系延续进化并改变为不同的时间种，称为线系分支，形成新种。

③线系终止——物种全部灭亡。线系终止又包括 3 种类型：野生灭绝：如麋鹿，只有人工养殖的；局部灭绝：如亚洲象；生态灭绝：如东北虎。

物种灭绝理论有自相残杀理论、火山喷发、气候变迁、小行星撞地球等学说。引起物种灭绝的因子有竞争、捕食、寄生于疾病等生物因子，地质变化、气候变迁、灾变事件、海退现象等环境因子，过度捕捞、毁林开荒、大量使用化学药品等人类活动。

美国研究发现，平均每隔 6 200 万年地球上就会经历一次物种的大灭绝。地球从寒武纪到白垩纪共发生了 11 次大的膨裂，其中 5 次形成了大的造山运动，每次造山运动都使海洋从大陆架上退却，造成了物种的大量灭绝。这 5 次大的物种灭绝均与造山运动形成海退、大陆面积增加、大陆架减少、海平面下降有关。这足以说明地球膨裂，形成造山运动，使海水从大陆上退却是造成物种大灭绝的真正原因(卡麦拉，2007)。

# 3. 遗传多样性

## 活动三：讨论遗传多样性

【活动目标】

认识遗传多样性的重要性，树立遗传多样性保护的意识。

【活动方式】

课前查阅和收集相关资料，课上讨论。

【活动内容】

活动组织者自选主题，根据收集的资料，课堂现场讨论植物或动物遗传多样性的表现和重要性。

【活动记录】

______________________________

______________________________

______________________________

______________________________

【活动启示】

______________________________

______________________________

______________________________

______________________________

【活动评估】

对活动的组织者分别从主题的选择，物种遗传基因的表现、重要性以及展现方式等方面进行自我和教师评价。

______________________________

______________________________

______________________________

______________________________

【背景知识】

## 3.1 遗传多样性的概念

遗传多样性是生物多样性的重要组成部分。广义的遗传多样性是指地球上所有生物携带的遗传信息的总和；狭义的遗传多样性是指种内不同群体之间或一个群体内不同个体的遗传变异的总和，又称基因多样性。

每一个物种都是一个独特的基因库。可以说，物种多样性中包括遗传多样性。但遗传多样性又远远超过物种多样性的范围。一个物种的进化潜力和抵御不良环境的能力既取决于种内遗传变异的大小，又有赖于遗传变异的居群结构。

## 3.2 遗传多样性的表现

遗传多样性(Genetic diversity)包括基因多样性、染色体多样性、蛋白质多样性等，表现在生物种群、个体、组织和细胞、分子不同水平上的遗传差异。

对于任何一个物种来说，个体的生命很短暂，由个体构成的居群或居群系统(宗、亚种、种)在时间上连绵不断，才是进化的基本单位。这些居群或居群系统在自然界有其特定的分布格局式样。因此，遗传多样性不仅包括遗传变异高低，也包括遗传变异分布格局即居群的遗传结构。如对于大范围连续分布的异交植物来说，遗传变异的大部分存在于居群之内；而对于以自交为主的植物来说，居群之间的遗传变异明显减小；对于更为极端的以无性繁殖为主的植物来说，每个无性集群(Colony)在大部分位点上都是纯合的，形态变异也很小，但不同的无性集群之间都有很大或明显的差异，因为遗传变异分布在无性集群之间，因此，居群遗传结构上的差异是遗传多样性的一种重要体现。

如核桃在中国有8个种(含引入的3个种)：核桃(*Juglans regia*)、铁核桃(*J. sigillata*)、核桃楸(*J. mandshurica*)、野核桃(*J. cathayensis*)、麻核桃(*J. hopeiensis*)、吉宝核桃(*J. sieboldiana*)、心形核桃(*J. cordiformis*)和黑核桃(*J. nigra*)，广泛分布于南北方20多个省、自治区、直辖市。中国核桃变异类型有穗状核桃、白水核桃、特大形核桃、红瓤核桃、单叶核桃、无壳核桃等。但作为坚果栽培的核桃只有两个种群，即核桃种群和铁核桃种群，包括繁多的乡土品种和类型。据不完全统计，全国有名称的核桃有500多个，有品种群体和优良无性系51个(晚实类群29个、早实类群22个)；铁核桃种群中计有品种群体和优良无性系16个。

茄子(*Solanum melongena*)在中国已有1 000余年种植历史，现保存种质资源1 300余份，果形有圆、长、卵三大类，皮色有紫、黑紫、绿、白等。优良品种有‘北京九叶茄’、‘成都墨茄’、‘杭州红茄’等；优质品种有‘天津凉水茄’；适加工的品种有‘浙江十姐妹茄’等。

萝卜(*Raphanus sativus*)是中国的第二大蔬菜，种类极多，根据叶型、根型和皮色可分为30余种，每种都有许多品种，现已收集种质资源1 800余份。名贵品种有水果型的北京‘心里美’、山东‘潍县青’等；熟食优质品种有北京‘大红袍’、太湖‘晚长白’等；加工优质品种有制造扬州特产“萝卜头”酱菜的‘晏种’萝卜品种，制造浙江萧山萝卜干的‘一刀种’品种，等等。

### 3.2.1 基因多样性

基因的多样性主要来源于基因突变。基因突变是指染色体上某一基因位点内部发生了化学性质的改变，与原来的基因形成对性关系，是生物进化的原材料。按照基因结构改变的类型，基因突变可分为碱基置换、移码、缺失和插入 4 种。不论真核生物还是原核生物的突变，也不论哪种类型的突变，都具有随机性、低频性和可逆性的特点。

即使是同一物种，不同个体间也存在丰富的遗传结构差异。除了孤雌生殖和一卵双生子以外，没有两个个体的基因组是完全相同的。种可能有亚种的分化，或由许多地理或生态种群组成，家养动物包含有众多的品种和类型。因此，许多物种实际上包含成百上千个遗传类型。如花鳅的同一亚种中存在 $2n=50$，75，86，94 等 4 种染色体数目。中国科学院昆明动物研究所发现云南文山、昭通、瑞丽和迪庆 4 个地区牛的血红蛋白有 6 种基因型，运铁蛋白共有 9 种基因型，显示了丰富的遗传多样性。分子水平上的遗传多样性同样引人注目，如在珠星雅罗鱼的 3 个地方种群中存在 12 种不同型的线粒体 DNA 结构。

基因突变的积累是自然界变异的来源，大多数物种的自然群体内蕴藏着丰富的遗传变异，形成了遗传多样性。

### 3.2.2 染色体多样性

染色体多样性主要来自于染色体结构变异和数量变异。染色体结构变异的发生是内因和外因共同作用的结果，外因有各种射线、化学药剂、温度的剧变等，内因有生物体内代谢过程的失调、衰老等。在这些因素的作用下，染色体可能发生断裂，断裂端具有愈合与重接的能力。当染色体在不同区段发生断裂后，在同一条染色体内或不同染色体间以不同的方式重接时，就会导致各种结构变异的出现，包括缺失、重复、倒位、易位。染色体数量变异有整倍性变异，如三倍体、四倍体、五倍体、六倍体等，也有非整倍性变异，如生物体的 $2n$ 染色体数增或减少一个至几个染色体或染色体臂的现象。

### 3.2.3 蛋白质多样性

蛋白质是生物体中广泛存在的一类生物大分子，是生命的物质基础。蛋白质是由 $\alpha$-氨基酸按一定顺序结合形成 1 条多肽链，再由 1 条或 1 条以上的多肽链按照特定方式结合而形成的高分子化合物。蛋白质是构成人体组织器官的支架和主要物质，在人体生命活动中具有重要作用，可以说没有蛋白质就没有生命活动的存在。蛋白质分子上氨基酸的序列和由此形成的立体结构构成了蛋白质结构的多样性。

遗传多样性是生命进化和适应的基础，种内遗传多样性越丰富，物种对环境变化的适应能力越大。遗传的均一性威胁种群或物种的生存已是明显的事实。分布于非洲几个狭谷地带的猎豹的种群在遗传上高度一致，这导致猎豹在适应环境、繁殖和抵抗疾病能力的低下，濒临灭绝。

遗传多样性在植物和动物育种中意义重大。如墨西哥最初是一个粮食进口国，后来在从日本引入的小麦新品种‘农林1号’中分离出矮秆抗病基因，培育出矮秆抗病的高产小麦品种，一举变成一个粮食出口国；美国以前是大豆进口国，后来从中国东北引入一个野生大豆品系，与当地栽培品种杂交，培育出抗旱新品种，能够在较贫瘠干旱的土壤中种植，比原有大豆节水15%，美国从而扩大了栽培面积，成为世界最大的大豆出口国。中国是大豆的故乡，有2万个地方品种，形成了丰富的大豆基因库资源。1964年，我国水稻专家袁隆平发现野生水稻雄性不育株，培育出被外国人誉为“东方魔稻”的籼型杂交水稻，自1976年在全国大面积推广，仅至1994年就已使中国的稻谷累计增产达2 400 × $10^8$kg。该技术还被推广到美国等国家和地区。许多野生动植物还有待于驯化，以培育更多的抗病、抗旱、高产、优质的动植物品种，提高农林业产量和质量。

遗传多样性是物种进化的本质，也是人类社会生存和发展的物质基础。“一个基因关系到一个国家的兴衰，一个物种影响一个国家的经济命脉”，已是被无数实例证明了的事实。如第一次“绿色革命”和水稻杂交优势的利用，就是发现和利用了矮秆基因和不育基因的结果。显而易见，遗传多样性的研究无论是对生物多样性的保护，还是对生物资源的可持续利用，以及未来世界的食物供应，都有重要的意义。总体上讲，中国是世界上遗传多样性最丰富的国家之一，生物物种、品种资源也是世界上最大的基因库之一，保存了大量的近缘野生种，如野生大豆、野生水稻、小麦等，对于人类的基因排序也处于世界水平。但是，中国对于遗传多样性的研究、保护和利用水平较低，明显落后于发达国家，加强DNA水平上多样性的研究是今后的关键工作。

# 4. 生态系统多样性

## 活动四：展示生态系统多样性

【活动目标】

认识生态系统多样性及其重要性。

【活动方式】

课前查阅和收集相关资料，制作 PPT，课上汇报交流。

【活动内容】

活动者(学生小组，建议以相同或相近生源地为同学习小组)自选生态系统，根据收集的资料制作 PPT，课堂现场汇报，交流不同地区代表性的生态系统特点及其功能

【活动记录】

________________________________________

________________________________________

________________________________________

________________________________________

【活动启示】

________________________________________

________________________________________

________________________________________

________________________________________

【活动评估】

对活动小组分别从生态系统的选择，生态系统特征以及展现方式等方面进行自我和教师评价。

________________________________________

________________________________________

________________________________________

________________________________________

【背景知识】

## 4.1 生态系统

生态系统是各种生物与周围环境所构成的自然综合体。所有的物种都是生态系统的组成部分。在生态系统中，不仅各个物种之间相互依赖、彼此制约，而且生物与周围的各种环境因子也是相互作用的。生态系统是指在一定空间内的生物成分和非生物成分，通过物质循环和能量流动互相作用、互相依存而构成的一个生态功能单位。自然界中只要在一定空间内存在生物和非生物两种成分，并能互相作用达到某种功能上的稳定性，哪怕是短暂的，这个整体就可以视为一个生态系统。地球上有许多大大小小的生态系统，大至生物圈或生态圈、海洋、陆地，小至森林、草原、湖泊和小池塘。除了自然生态系统外，还有很多人工生态系统，如农田、果园、自给自足的宇宙飞船等。

任何一个生态系统都是由生物系统和环境系统两部分组成。生物系统包括生产者、消费者和分解者；环境系统包括太阳辐射和各种无机物质、有机物质，气候因素。物质循环、能量流动和信息传递是生态系统的3个基本功能。能量主要来自太阳；物质由地球供应；信息包括营养信息、化学信息、物理信息和行为信息。能量是一种单向的过程，最后以热能的形式损失掉。物质在生态系统中的流动是一种循环运动。

## 4.2 生态系统多样性

生态系统多样性是指生物圈内生境、生物群落和生态过程的多样化以及生态系统内生境、生物群落和生态过程变化的多样性。生境主要指无机环境，生境的多样性是生物群落多样性乃至整个生物多样性形成的基本条件；生物群落的多样性主要指群落的组成、结构和动态(包括演替和波动)方面的多样化；生态过程主要指生态系统的生物组分之间及其与环境之间的相互作用，主要表现在系统的能量流动、物质循环和信息传递等。

### 4.2.1 生态系统结构的多样性

生态系统中生物种类及各种生物的种群数量均具有一定的时间分布和空间配置，在一定时期内处于相对稳定的状态，从而使生态系统保持一个相对稳定的形态结构。

#### (1)空间配置多样性

在生态系统中，各种动物，植物和微生物的种类和数量在空间上的分布构成垂直结构和水平结构。

#### (2)时间配置多样性

生态系统的时间配置，除了表现在季节周期性变化外，还表现为月相变化和昼夜周期性变化，如蝶类和蛾类在昼夜间的交替出现，鱼类在昼夜间的垂直迁移等。

(3)生态系统的营养结构多样性

生态系统的营养结构是生态系统的各组成成分以营养为纽带，通过营养联系构成的，是生态系统的基本结构。每一个生态系统都有其独特、复杂的营养结构，表现为食物链和食物网(图 1-2)。

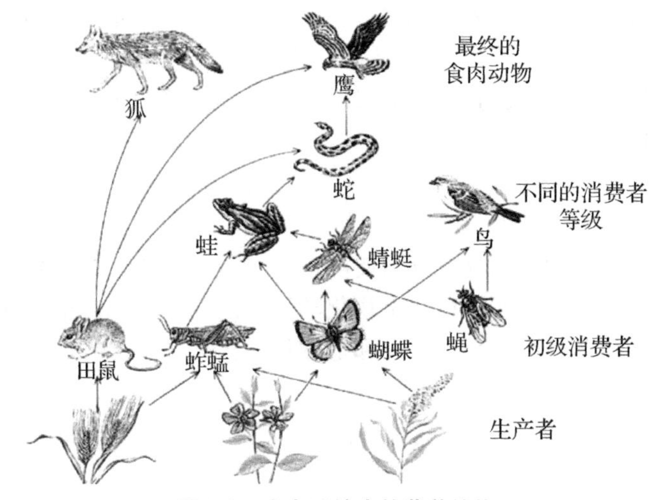


图 1-2　生态系统中的营养结构

## 4.2.2　生态系统类型的多样性

根据纬度地带和光照、水分、热量等环境因素，生存系统又可分成森林生态系统、草原生态系统、荒漠生态系统、冻原生态系统、农田生态系统、城市生态系统等。根据环境中水分状况、植被地理分布及动物群落类型，可以把地球上的生态系统划分为水生生态系统和陆地生态系统两大类群。水生生态系统占地球表面的 2/3，包括海洋和陆地上的江河湖沼等水域。根据水环境的物理化学性质，如淡水、咸水、静水、动水等，又可划分成若干类型水生生态系统。

根据人类活动的影响大小可以分为：

①自然生态系统　指没有或基本没有受到人为干预的生态系统，如原始的森林、草原、湖泊、河流，人迹罕至的沙漠、极地、深海、高山等。

②半自然生态系统　指经过人为干预但仍保持一定自然状态的生态系统，如人工种植的森林，经过放牧的草原，养殖鱼、虾、贝类的湖泊水库，各种类型的农田等。

③人工生态系统　指完全按照人类的意愿建立起来的生态系统，主要是各种各样的人类聚居区。如世界各地的城市、乡村，各种交通工具、航行器、航空器等。

按能量来源可分为：太阳供能的自然生态系统、自然辅加能量的太阳供能生态系统、人类辅加能量的太阳供能生态系统和燃料供能的城市工业系统。

## 4.2.3 生态过程的多样性

(1)能量流动的多样性

能量流动是生态系统的最主要功能之一。生态系统中的能量流动和转换，服从于热力学第一、第二定律。生态系统中能量的流动，是借助于“食物链”和“食物网”来实现的。食物链和食物网是生态系统中能量流动的渠道。以食物营养为中心的生物之间食与被食的链索关系称为食物链(图 1-3)。

(2)物质循环的多样性

在生态系统中，生物为了生存不仅需要能量，也需要物质。物质是化学能量的运载工具，又是有机体维持生命活动所进行的生物化学过程的结构基础。根据物质循环路线和周期长短的不同，可将循环分为生物小循环和地球化学大循环(图 1-3)。

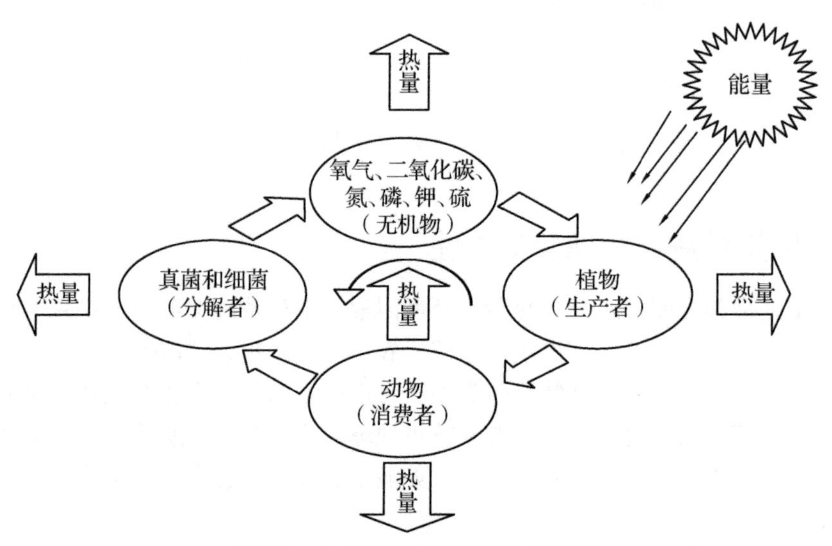


图 1-3 生态系统能量流和物质循环

(3)信息传递的多样性

生态系统的信息传递在沟通生物群落与生存环境之间、生物群落内各种生物种群之间的关系方面起着重要作用。信息传递是生态系统的重要功能之一。生态系统中的各种信息形式主要分为 4 种：

①物理信息 由声、光和颜色等构成。

②化学信息 由生物代谢产物，尤其是分泌的各种激素组成的化学物质。同种动物间以释放化学物质传递求偶、行踪和活动范围等信息是相当普遍的现象。

③营养信息 食物和养分也是一种信息，通过营养交换的形式，把信息从一个种群传递给另一个种群。食物链(网)就是一个营养信息系统。

④行为信息 无论同一种群还是不同种群，个体之间都存在行为信息的表现。不同的

行为动作传递着不同的信息，如同一物种间以飞行姿态、跳舞动作传递求偶信息等。

## 4.3 生态系统类型多样性概况

生态系统分为陆生生态系统和水生生态系统。中国位于欧亚大陆东部，国土辽阔，气候及地貌类型复杂，河流纵横，湖泊星布，这样复杂的自然条件导致中国生态系统的多样性。中国陆生生态系统的类型主要有森林、灌丛、草甸、沼泽、草原、荒漠和冻原等，水生生态系统的类型主要有各类河流生态系统、湖泊生态系统及海洋生态系统等。

森林生态系统可分为针叶林、阔叶林和针阔混交林生态系统。草原生态系统分为温带草原、高寒草原和荒漠草原。荒漠生态系统发育在降水稀少、蒸发强烈、极端干旱生境下的稀疏生态系统类型。农田或农林复合生态系统由林木、果树与作物间作构成。湿地生态系统主要包括浅水湖泊、河流和沼泽。

中国海岸线长，海域跨暖温带、亚热带、热带 3 个温度带，有海洋生态系统和海岸生态系统和岛屿生态系统。

### 4.3.1 森林生态系统

森林生态系统是森林群落与其环境在功能流的作用下形成一定结构、功能和自调控的自然综合体，是陆地生态系统中面积最多、生物总量最高、最重要的自然生态系统，对陆地生态环境有决定性的影响。与其他生态系统相比，森林生态系统有最复杂的组成、最完整的结构，能量转换和物质循环最旺盛，因而生物生产力最高、生态效应最强。具体地说，它具有以下特点和优势。

#### (1) 森林占据空间大，林木寿命延续时间长

在低纬度地区，森林海拔分布可以高达 4 200 ~ 4 300m。森林群落高度高于其他植物群落，一般在 30m 左右，热带雨林可达 70 ~ 80m。草原群落高度 20 ~ 200cm，农田群落 50 ~ 100cm。很多树木寿命长达 200 ~ 300 年。

#### (2) 森林是物种宝库，生物生产量高

陆地植物有 90% 以上存在于森林中，或起源于森林；森林中的动物种类和数量，也远远大于其他陆地生态系统。

#### (3) 森林是可以更新的资源，繁殖能力强

地球上森林生态系统的主要类型有 4 种，即热带雨林、亚热带常绿阔叶林、温带落叶阔叶林及北方针叶林，这些类型之间还有许多过渡类型。

## 4.3.2 草原生态系统和热带稀树草原生态系统

### 4.3.2.1 草原生态系统

草原曾一度覆盖地球陆地表面积的42%，在北半球，草原极盛时曾分布于整个北美大陆的南部并横贯欧亚大陆的中部。在南半球，草原曾覆盖南美大陆南部的大部分地区和南部非洲的高原地带。但现在，草原只占地球陆地表面的约12%，而且其中很多正在被改造为农用地或因过度放牧而退化。

草原一个共同的气候特征是雨量处于250mm和800mm之间，水分蒸发强烈，经历周期性干旱。草原地势平坦或有起伏，食草动物和穴居动物占有优势。大部分草原都需要有周期性火烧以便维持草原的存在、更新和排除树木的生长。草原上最惹人注目的脊椎动物是大型食草有蹄动物和穴居哺乳动物。在世界各大洲草原上，动物的种类十分相似。

全球只有三大草原进化出了失去飞翔能力的鸟类，即南美草原的美洲鸵、非洲草原的鸵鸟和澳洲草原的鸸鹋。新西兰草原没有食草哺乳动物，但曾有过食草的大群恐鸟，现已灭绝。虽然北半球的草原没有像恐鸟、鸵鸟、鸸鹋这样大型的鸟类，但在欧亚草原上栖息着体重可达16kg的大鸨，其数量因农田的扩张已大大减少。

### 4.3.2.2 热带稀树草原生态系统

热带稀树草原覆盖着非洲中南部、印度西部、澳大利亚北部和巴西西北部的广大地区。有些稀树草原是天然的，还有一些是半天然的，是在几百年来人类的干预和影响下产生和维持的，特别是非洲的稀树草原，很难把人类的影响和气候的影响区分开。而印度中部的稀树草原则是人为破坏森林的结果。

在非洲稀树草原上至少栖息着40种有蹄动物，其中角马和斑马在干旱季节要进行大规模迁移。其他种类如高角羚在干旱季节进行部分扩散。还有些种类如长颈鹿和格氏斑马则完全没有或很少有季节扩散。

热带稀树草原上还有很多专门以有蹄动物为食的食肉动物，包括狮子、豹、猎豹、鬣狗和野犬等。以吃剩的猎物或兽尸为食的动物是食腐动物，如秃鹫。

## 4.3.3 荒漠生态系统

荒漠是地球上最干旱的地区，以超旱生的灌木、半灌木和小半灌木占优势，地上部分不能郁闭的一类生态系统，主要分布在亚热带干旱区，往北可延伸到温带干旱区。这里生态条件极为严酷，年降水量少于200mm，有些地区年雨量还不到50mm，甚至终年无雨。由于雨量少，易溶性盐类很少淋溶，土壤表层有石膏累积。地表细土被风吹走，剩下粗砾及石块，形成戈壁；在风积区则形成大面积沙漠。

荒漠植被极度稀疏，有的地段大面积裸露。主要有3种生活型适应荒漠区生长：荒漠灌木及半灌木、肉质植物、短命植物与类短命植物。生活在荒漠生态系统的动物主要是爬行类、啮齿类、鸟类及蝗虫等，它们如同植物一样，也以各种方法适应水分的缺乏。

荒漠生态系统的初级生产力非常低，低于 0.5g/($m^2$·a)。生产力与降水量呈线性函数关系。由于生产力低下，能量流动受到限制并且系统结构简单。通常荒漠动物不是特化的捕食者，因为它们不能单独依靠一种类型的生物，必须寻觅可能利用的各种能量来源。荒漠生态系统中营养物质缺乏，因此物质循环的规模小。即使在最肥沃的地方，可利用的营养物质也只限于土壤表面 10cm 范围之内。由于许多植物生长缓慢，动物也多半具有较长的生活史，所以物质循环的速率很低。

## 4.3.4 湿地生态系统

湿地(Wetland)是潮湿或浅积水地带发育成水生生物群和水成土壤的地理综合体。湿地包括陆地上天然和人工的，永久和临时的各类沼泽、泥炭地、咸水体、淡水体，以及低潮位时 6m 水深以内的海域。狭义上湿地一般被认为是陆地与水域之间的过渡地带；广义上则被定义为“包括沼泽、滩涂、低潮时水深不超过 6m 的浅海区、河流、湖泊、水库、稻田等”。

湿地生态系统(Wetland ecosystem)是被间歇或永久的浅水层覆盖的区域，水域共同与大气相互作用，相互影响，相互渗透，兼有水陆双重特征的特殊生态系统。

中国湿地面积占世界湿地的 10%，位居亚洲第 1 位，世界第 4 位。在中国境内，从寒温带到热带，从沿海到内陆，从平原到高原山区都有湿地分布。

中国 1992 年加入《湿地公约》，国家林业局专门成立了“湿地公约履约办公室”，负责推动湿地保护和执行工作。截至 2015 年，中国列入国际重要湿地名录的湿地已有 46 处，国家湿地公园 569 个，共有 2 324 × $10^4 hm^2$ 湿地得到不同形式的保护，湿地保护率由 10 年前的 30.49% 提高到 43.51%。

世界上最大的湿地是巴西中部马托格罗索州的潘塔纳尔沼泽地(Pantanal)，面积达 2 500 × $10^4 hm^2$。中国最大的湿地是拉萨的拉鲁湿地，总面积 6.2$km^2$，海拔 3 645m。

湿地孕育了丰富的生物多样性，仅中国有记载的湿地植物就有 2 760 余种，其中湿地高等植物 156 科 437 属 1 380 多种。湿地植物从生长环境看，可分为水生、沼生、湿生三类；从植物生活类型看，有挺水型、浮叶型、沉水型和飘浮型等；从植物种类看，有的是细弱小草，有的是粗大草本，有的是矮小灌木，有的是高大乔木。湿地动物的种类也异常丰富，中国已记录的湿地动物有 1 500 种左右(不含昆虫、无脊椎动物、真菌和微生物)，其中水生大约 250 种，鱼类约 1 040 种。鱼类中淡水鱼有 500 种左右，占世界淡水鱼类总数的 80% 以上。

湿地覆盖的地球表面仅有 6%，却为地球上 20% 的已知物种提供了生存环境，还具有调节径流、蓄洪防旱，控制污染、净化水土、调节气候等不可替代的生态功能，享有“地球之肾”“鸟类的乐园”的美誉。因此，无论从经济学还是生态学的观点看，湿地都是最具有价值和生产力最高的生态系统。

### 4.3.4.1 淡水湖泊生态系统

绝大多数湖泊是直接受河水补给的，湖泊是水系的组成部分，它的水文状况与河流有着密切关系(水库是一种人工湖泊)；而不受河水直接补给的湖泊数量不多，它们大都是孤立的水体。按湖水矿化度可将我国的湖泊分为 3 类：淡水湖(<1 g/ L)、咸水湖(1 ~3.5 g/L)和盐湖(>3.5 g/L)。我国主要的淡水湖有鄱阳湖、洞庭湖、太湖、洪泽湖等。湖泊湿地地处水陆过渡带，湿生植物的促淤功能使湖泊湿地得以蓄积来自水陆两相的营养物质而具有较高的肥力，又具有与陆地相似的光照、温度和气体交换条件，并以高等植物为主要的初级生产者，因而具有较高的初级生产力。同时，湖泊湿地为鱼类和其他水生动物提供了丰富的饵料和优越的栖息条件，具有较高的渔业生产能力。云南的九大高原湖泊也列入重点保护行列。

#### 4.3.4.2 淡水沼泽生态系统

沼泽的基本特征是地表常年过湿或有薄层积水。在沼泽地表除了具有多种形式的积水外，还有小河、小湖等沼泽水体，以及饱含于泥炭层的水分。淡水沼泽在世界上集中分布在北半球的寒带森林、森林苔原地带以及温带森林草原地带。我国广泛分布于东北寒温带、温带湿润气候区，沼泽面积最大、发育最好、类型最多。尤其在大、小兴安岭和长白山地区，沼泽地草本植物生长茂密，有机质含量高，排干后可开垦为耕地。素有“鱼米之乡”美称的珠江三角洲、江汉平原、洞庭湖平原、太湖平原等，都是从沼泽上开发出来的。

#### 4.3.4.3 红树林生态系统

红树林是热带、亚热带河口海湾潮带间的木本植物群落。以红树林为主的区域中动植物和微生物组成的一个整体，统称为红树林生态系统。它的生境是滨海盐生沼泽湿地，并因潮汐更迭形成的森林环境，不同于陆地森林生态系统。热带海区 60% ~70% 的岸滩有红树林成片或星散分布。

红树类植物是能忍受海水盐度生长的木本挺水植物。已知全世界有真红树 20 科 27 属 70 种，我国真红树有 12 科 15 属 27 种(林鹏，1997)，海南有 24 种，福建北部和台湾北部仅 1 种，中国现存红树林的面积仅为历史上的 1/2($1.3 \sim 1.5 \times 10^4 hm^2$。含盐分的水对红树植物十分重要，红树植物具有耐盐特性，在一定盐度海水下才成为优势种。虽然有些种类可以在淡水中生长，但在海水中生长较好。另一个重要条件是潮汐，如果没有潮间带的每日有间隔的涨潮退潮的变化，红树植物是生长不好的。长期淹水，红树会很快死亡；长期干旱，红树将生长不良。半红树植物的种数分布也有同样的规律性。

红树林也是虾类和鱼类育苗场，这些鱼虾在生活史中游向大海以前的时间都在这里度过。红树林区作为海滨盐生湿地，也是鸟类的重要分布区。我国红树林鸟类有 17 目 39 科 201 种，其中留鸟和夏候鸟等繁殖鸟类有 83 种，旅鸟和冬候鸟有 118 种，国家一类保护鸟类有 2 种，国家二级保护鸟类有 22 种。

### 4.3.5 海洋生态系统

中国海域包括渤海、黄海、东海、南海和台湾以东部分海域，总面积为 $470 \times 10^4 km^2$。从北部的鸭绿江口，到南端的北仑河口，18 000km 的大陆岸线蜿蜒曲折，6 500 多个岛屿星罗棋布，周边与朝鲜、韩国、日本、菲律宾、越南、马来西亚、印度尼西亚、文莱等国相邻。

在中国海域，已经记录了 20 278 个物种，隶属于 5 个生物界、44 个门。节肢动物门、脊索动物门和软体动物门每门的数量都超过 2 500 种。植物界的 6 个门包括海藻 3 个门共 794 种，维管束植物 3 个门共 413 种，原生生物界 7 个门近 5 000 种。中国海域 24 个动物门中有 10 个门是海洋生境特有的，海洋的物种比淡水多、比陆地少，物种数由北往南递增。

# 5. 生物多样性概况

## 活动五：参观生物多样性展览

【活动目录】

认识世界、中国及当地生物多样性现状。

【活动方式】

到当地生物多样性博物馆、动物园、植物园、森林公园、自然保护区、湿地等区域进行参观学习。

【活动内容】

活动者(学生小组，建议以相同或相近生源地为同学习小组)参观认识当地的生物多样性，有条件的还可扩展到文化多样性、农业多样性等方面。然后以小组为单位提交参观考察报告，说明生物多样性的概况。

【活动记录】

______________________________

______________________________

______________________________

______________________________

【活动启示】

______________________________

______________________________

______________________________

______________________________

【活动评估】

对报告的全面性、系统性等方面进行自我和教师评价。

______________________________

______________________________

______________________________

______________________________

【背景知识】

## 5.1 世界生物多样性

全世界大约有 $500\times10^4$ ~ $5\ 000\times10^4$ 个物种，但实际上在科学上记述的有 170 余万种。这些物种不均匀地分布于 168 个国家，其中 12 个国家集中了 70% 的物种，被称为“生物多样性特丰富国家”，它们是：墨西哥、哥伦比亚、厄瓜多尔、秘鲁、巴西、刚果民主共和国、马达加斯加、中国、印度、马来西亚、印度尼西亚和澳大利亚。这些国家生物多样性的形成原因是多方面的，部分原因是其广阔的疆土，更主要的原因还是由地形、气候以及长期隔离造成的。

## 5.2 中国生物多样性

中国是世界上生物多样性最丰富的国家之一，物种数约占世界的 10%。中国气候地域辽阔，大部分国土处在中纬度，亚热带和温带约占 80%。境内地势起伏显著，山地高原面积大，季内环流强盛，河流湖泊众多，土壤、植被类型丰富，浅海大陆架宽广，岛屿星布，自然条件复杂多样，具有适合众多生物种类生存和繁衍的各种生境条件。

中国生物多样性分布也不均匀，主要分布于南方诸省，如广东、广西、福建、四川、云南等省(自治区)。其主要特点如下：

### (1)物种高度丰富

中国有高等植物 3 万余种，仅次于世界高等植物最丰富的巴西和哥伦比亚，居世界第 3 位。其中苔藓植物 2 900 种，占世界总种数的 9.1%，隶属 106 科，占世界科数的 70%；蕨类植物 2 549 种，占种数的 22%，隶属 52 科，占科数的 80%；裸子植物全世界约有 750 种，隶属 15 科，中国有 237 种，隶属 10 科，是世界上裸子植物最多的国家；被子植物 28 356 种，隶属 328 科，占世界总种数 10%，占科数的 75%。

中国的动物种类也非常丰富，其中脊椎动物 6 347 种，占世界总种数的 14.0%；鸟类 1329 种，占世界总种数的 13.1%；鱼类 3862 种，占世界总种数的 20.3%。

### (2)特有属、种繁多

当物种分布范围有一定的限制时，称为特有现象。例如，大熊猫(*Aluropoda melanoleuca*)仅局限于中国四川、甘肃和陕西毗邻的山区，白暨豚(*Lipotes vexillifer*)只生长在洞庭湖及长江中下游，它们都是中国特有属和特有种；柳杉属(*Cryptomeria*)分布于中国和日本，它是东亚特有属。这些特有属、种的分布现象就是该地区的特有现象。因此，特有现象是对世界广泛分布现象而言的，一切不属于世界性分布的属或种，都可以称为其分布区内的特有属或特有种。

生物界各大类群在历史发展过程中的迁移、灭绝和进化，导致了世界上不同地区生物区系的多样性和复杂性。动植物特有现象的程度也因不同地区的历史和自然条件的差异而有较大变化。对特有现象的研究，将有助于了解一个特定地区动、植物区系的组成、性质和特点，在物种发生和演变方面是十分重要的。

中国高等植物中的特有属有275个，占总属数的7.1%。其中被子植物特有属246个，占该属总数的7.88%；裸子植物特有属10个，占该属总数的29.41%；蕨类植物特有属6个，占该属总数的2.68%；苔藓植物特有属13个，占该属总数的2.63%。高等植物特有种约有17 300种，占中国高等植物总种数的57%以上(表1-1)。

表1-1 中国高等植物特有属统计表

| 门类名称 | 已知属数 | 特有属数 | 特有属占总属数(%) |
|---|---|---|---|
| 被子植物 | 3 123 | 246 | 7.88 |
| 裸子植物 | 34 | 10 | 29.41 |
| 蕨类植物 | 224 | 6 | 2.68 |
| 苔藓植物 | 494 | 13 | 2.63 |
| 合　计 | 3 875 | 275 | 7.10 |

中国脊椎动物中的特有种有667个，占总种数的10.51%。其中哺乳类特有种110个，占该种总数的18.93%；鸟类特有种98个，占该种总数的7.88%；爬行类特有种25个，占该种总数的2.68%；两栖类特有种30个，占该种总数的10.56%；鱼类特有种404个，占该种总数的10.46%(表1-2)。

表1-2 中国脊椎动物特有种统计表

| 门类名称 | 已知种数 | 特有种数 | 特有种占总种数(%) |
|---|---|---|---|
| 哺乳类 | 645 | 110 | 18.93 |
| 鸟类 | 1 329 | 98 | 7.88 |
| 爬行类 | 412 | 25 | 6.65 |
| 两栖类 | 295 | 30 | 10.56 |
| 鱼类 | 3 862 | 404 | 10.46 |
| 合　计 | 6 347 | 667 | 10.51 |

在中国的动植物区系中，一些物种或属过去曾一度广泛分布，后因地质及气候变迁等原因，现在仍存留于某一地区，通常称为孑遗植(动)物，或称为“活化石”。如大熊猫、白暨豚、水杉(*Metasequoia glyptostroboides*)、银杏(*Ginkgo biloba*)和攀枝花苏铁(*Cycas panzhihuaensis*)等。

### (3)区系起源古老

由于中生代末(白垩纪，距今1.36亿年)中国大部分地区已上升为陆地，未受第四纪(距今250万年)冰川的侵袭，致使许多白垩纪、第三纪(距今6 500万年)古老孑遗动植物能保存下来，并成为它们的避难所。如木兰科(Magnoliaceae)的鹅掌楸(*Liriodendron*)、木兰(*Magnolia*)、木莲(*Manglietia*)、含笑(*Michelia*)，金缕梅科的蕈树(*Altingia*)、假蚊母树(*Distyliopsis*)、马蹄荷(*Exbucklangia*)、红花荷(*Rhodoleia*)，山茶科(Theaceae)，樟科

(Lauraceae)，八角科(Illiciaceae)，五味子科(Schisandraceae)，蜡梅科(Calycanthaceae)，昆栏树科(Trochodendraceae)，水青树科(Tetracentraceae)，伯乐树(钟萼木)科(Bretschneideraceae)等都是第三纪的残遗植物。

中国陆栖脊椎动物区系的起源也可追溯到第三纪上新世的三趾马(Hipparion)动物区系。该区系后来演化为南方的巨猿动物区系和北方的泥河湾动物区系，前者再进一步发展成为大熊猫—剑齿象动物区系，后者发展成为中国猿人动物区系，到更新世晚期继续发展分化，到全新世初期，其面貌已与现代动物区系相似。秦岭以北的东北、华北和内蒙古、新疆至青藏高原，与广阔的亚洲北部、欧洲和非洲北部同属于古北界(Paearctic realm)；而南部在长江中、下游流域以南，与印度半岛、中南半岛及附近岛屿同属东洋界(Oriental realm)。

#### (4)栽培植物、家养动物及其野生亲缘的种质资源异常丰富

人类生活和生存所依赖的动植物的许多种类起源于中国。中国是世界上家养动物品种和类群最丰富的国家，共有1 938个品种和类群。原产中国及经驯化培育的植物资源更为繁多，经济树种就有1 000种以上，如枣树、板栗、茶、油茶、油桐、漆树、银杏、猕猴桃等；粮食作物中，中国是大豆的故乡，地方品种有20 000个，水稻则是原产地，栽培品种达50 000个；药用植物有1 100种，观赏花卉有2 238种；牧草有4 215种，世界栽培的牧草中几乎都有野生种或野生近缘种。

## 5.3 云南生物多样性

云南地处中国西南边陲，是一个多山的省份，山地面积占94%，盆地和河谷仅占6%。全省地势从西北向东南倾斜，海拔高差大，省内最低海拔76.4m(河口)，最高海拔6 740m(德钦的梅里雪山)。极其复杂的地形地貌形成了多样的气候类型，有北热带、南亚热带、中亚热带、南温带、中温带、高山苔原及雪山冰漠，但仍以亚热带山地和高原气候为主，一个突出的特点就是干湿季分明，全年降水量约1 100mm，80%的降水集中在6~10月，11月至翌年的5月为旱季，降水很少。土壤类型呈现出明显的带状分布规律，从南到北，土壤的淋溶作用和富铝化过程由强到弱，依次为砖红壤带、赤红壤带、山地红壤带、棕壤带、暗棕壤带、高山草甸土带等。

云南气候和生态类型多样，拥有从热带到寒带的不同生态系统类型，适合于不同生境中生存的生物种类，物种资源极为丰富，享有“植物王国”“动物王国”“基因宝库”的美誉。云南是我国生物多样性的天然宝库和资源基地，是我国乃至世界生物遗传物质极为丰富的天然基因库之一，具有重要的科学价值、经济价值、环境价值和美学价值。

#### (1)云南物种多样性特征

云南独特的自然地理环境，孕育了丰富的物种资源(表1-3)。其生物丰富值(Rv)、特有度值(Ev)和特有率(Er)均占全国第一位。

表 1-3 云南与中国和世界物种多样性比较 *

| 类　群 | 云南种数 | 中国种数 | 世界种数 | 云南占中国总种数(%) | 云南占世界总种数(%) |
|---|---|---|---|---|---|
| 兽类 | 304 | 645 | 5 416 | 47. 1 | 5. 9 |
| 鸟类 | 903 | 1 329 | 8 976 | 67. 9 | 10. 1 |
| 爬行类 | 162 | 412 | 6 300 | 39. 3 | 2. 6 |
| 两栖类 | 115 | 295 | 4 010 | 39 | 2. 9 |
| 昆虫 | 12 000 | 51 000 | 920 000 | 23. 5 | 1. 3 |
| 鱼类 | 432(淡水) | 3 862(淡水 1 023) | 21 400 | 42. 2(占淡水) | 2. 1 |
| 被子植物 | 13 232 | 28 356 | 250 000 | 46. 7 | 5. 3 |
| 裸子植物 | 92 | 237 | 750 | 38. 8 | 12. 3 |
| 蕨类植物 | 1 266 | 2 549 | 12 000 | 49. 7 | 10. 6 |
| 苔藓植物 | 1 611 | 2 900 | 23 000 | 55. 6 | 7. 0 |
| 淡水藻类 | 800 | 9 000 | 25 000 | 8. 9 | 3. 2 |
| 竹类植物 | 250 | 500 | 1 000 | 50. 0 | 25. 0 |

### (2)云南植物多样性与特有性

云南不仅物种多样性极为丰富，而且珍稀濒危种和特有种占有极高的比例。云南有高等植物 18 000 多种，占全国总数的 51. 6%；国家公布的被列为 352 种受保护的珍稀濒危植物中，云南有 151 种，占全国保护植物总数的 42. 6%。

蕨类植物多样性：云南蕨类植物多样性极为丰富，有 1 266 种，隶属 198 属、49 科，分别占全国总种数的 68. 2% ~57. 7%，总属数的 88. 4% 和总科数的 94. 2%。

裸子植物多样性：云南有 92 种裸子植物，隶属 32 属、10 科，分别占全国总种数的 40%、总属数的 94. 1% 和总科数的 100%。

被子植物多样性：云南约有被子植物 13 232 种，隶属 1 953 属、230 科，分别占全国总种数的 50%，总属数的 62. 5% 和总科数的 70. 1%(表 1-4)。

表 1-4 云南蕨类植物和被子植物多样性

| 类群 | 科 | | 属 | | 种 | | 占全国总数(%) | | |
|---|---|---|---|---|---|---|---|---|---|
| | 中国 | 云南 | 中国 | 云南 | 中国 | 云南 | 科 | 属 | 种 |
| 蕨类植物 | 52 | 49 | 224 | 198 | 2549 | 1266 | 94. 2 | 88. 4 | 49. 7 |
| 裸子植物 | 10 | 10 | 34 | 32 | 237 | 92 | 100 | 94. 1 | 38. 8 |
| 被子植物 | 328 | 230 | 3123 | 1953 | 2900 | 1611 | 70. 1 | 62. 5 | 55. 6 |

按物种丰富度(物种数/$km^2$ ×100%)计算，云南种子植物丰富度为 3. 81，在北半球仅次于马来西亚的 4. 55，远远超过面积大得多并处于旧世界中心的热带亚洲国家印度的 0. 48 和我国 0. 32 的平均丰富度，为印度的 7. 9 倍，为我国的 11. 9 倍(表 1-5)。

表 1-5 云南种子植物丰富度与中国和东南亚、南亚国家比较

| 国家或地区 | 面　积($km^2$) | 种子植物种数 | 丰富度 |
| --- | --- | --- | --- |
| 印度 | 2 974 700 | 14 500 | 0.48 |
| 缅甸 | 676 581 | 7 000 | 1.03 |
| 泰国 | 513 115 | 11 500 | 2.24 |
| 越南 | 329 556 | 11 500 | 3.49 |
| 菲律宾 | 229 700 | 8 000 | 2.67 |
| 马来西亚 | 329 733 | 15 000 | 4.55 |
| 印度尼西亚 | 1 904 443 | 20 000 | 1.05 |
| 中国 | 9 600 000 | 30 250 | 0.32 |
| 云南 | 394 000 | 15 000 | 3.81 |

云南植物资源多样性的另一特点是具有显著的特有现象，是中国特有植物的高频率区。中国有243个种子植物特有属(陈灵芝，1993)，云南分布有180个中国特有属，占中国特有属数的74.1%，其中30个为云南省特有(王荷生，张镱锂，1994)。滇东南保存着相当多的第三纪残遗的古老植物科属，和许多孑遗植物种类，如被认为最原始的木兰科的木莲属(*Manglietia*)和华盖木属(*Manglietiastrum*)等。此外，还拥有数量较多的单型科、少型科、少型属和单种属，如马蹄参属(*Diplopanax*)，观光木属(*Tsoongiodendron*)、华盖木属、长蕊木兰属(*Alcimandra*)、十萼花属(*Dipentodon*)、滇桐属(*Craigia*)。以及穗花杉属(*Amentotaxus*)、福建柏属(Fokienia)、朱红苣薹属(*Calcareoboea*)、细筒苣薹属(*Lagarosolen*)、富宁藤属(*Parepigynum*)等单型属和单种属植物，是我国三大特有中心之一的滇东南古特有中心。

云南特有种更加丰富，蕨类植物中有宽叶水韭(*Isoetes japonica*)、狭叶瓶尔草(*Ophioglossum thermale*)、桫椤(*Atsophila spinulosa*)、天星蕨(*Christensenia assamica*)、中国蕨(*Sinopteris grevilleoides*)、原始观音座莲(*Archangiopteris henryi*)、玉龙蕨(*Sorolepidium glaviale*)、扇蕨(*Neocheropteris palmatopedata*)和鹿角蕨(*Piatycerium wallichii*)等20种为国家珍稀濒危保护蕨类，其中天星蕨和鹿角蕨仅分布于云南，原始观音座莲和玉龙蕨为云南特有种(郭辉军等，1998)。裸子植物中有篦齿苏铁(*Cycas pectinata*)、云南苏铁(*C. siamensis*)、旱地油杉(*Keteleeria xerophila*)、澜沧黄杉(*Pseudotsuga forrestii*)、丽江铁杉(*Tsuga forrestii*)、毛枝五针松(*Pinus wangii*)、长叶竹柏(*Podocarpus flearyi*)、篦子三尖杉(*Cephalotaxus oliveri*)、贡山三尖杉(*C. anceolata*)、云南红豆杉(*Taxus yunnanensis*)、云南穗花杉(*Amentotaxus yunnanensis*)和云南榧树(*Torreya yunnanensis*)等21种为云南特有种。仅西双版纳就有153种热带珍稀云南特有种，滇西北则拥有大量的横断山区寒温性针叶特有种，以及其他横断山区特有成分和众多的高山杜鹃与高山竹类，其特有种比例占该区种子植物分布总数的30%以上(郭辉军等，1998)，是我国三大特有现象中心(鄂西—川东、川西—滇西北、桂西南—滇东南)之一的滇西北新特有中心(陈灵芝，1993)。

**(3)动物多样性与特有性**

云南拥有的脊椎动物和重点保护野生动物均占全国总数的55.4%，而且约占总数

15%的种类为云南所特有或在国内仅见于云南(郭辉军等，1998)。全国15种受保护的灵长类动物中，云南分布有10种，均为国家Ⅰ级保护动物，其中与大熊猫齐名的云南特有珍稀濒危动物滇金丝猴(*Rhinopithecus bieti*)，仅分布于云南西北部白马雪山海拔3 500m以上的寒温性云、冷杉针叶林地带。全球有长臂猿17个种，我国分布有3属6种：西黑冠长臂猿(*Nomascus concolor*)、东黑冠长臂猿(*N. nasutus*)、海南长臂猿(*N. hainanus*)、北白颊长臂猿(*N. leucogenys*)、东白眉长臂猿(*Hoolock leuconedys*)和白掌长臂猿(*Hylobates lar*)(范鹏飞，2012)。白掌长臂猿除黑长臂猿还见于海南和广西外，其余各种仅分布于云南东南部、南部至西南部的热带森林地带(杨宇明等，1999)。26种国家Ⅰ级保护动物，如兽类的豚尾猴(*Macaca nemestrina*)、间峰猴(*Nycticebus intermedius*)、鼷鹿(*Tragulus javanicus*)、野牛(*Bos gaurus*)、熊狸(*Arctictis binturong*)、马来熊(*Helarctos malayanus*)、印支虎(*Panthera tigris corbeti*)、孟加拉虎(*P. tigris tigris*)和亚洲象(*Elephas maximus*)等在国内也仅分布于云南。在云南分布的1 836种脊椎动物中，有66种兽、112种鸟、8种爬行类、40种两栖类和290种淡水鱼，为云南特有或仅分布于云南(李纯，2001)。在我国所记录的1 224种鸟类中，绿孔雀(*Pavo muticus*)、孔雀雉(*Polyplectron bicalcaratum*)、赤颈鹤(*Crus antigone*)、绿尾梢虹雉(*Lophophorus sclateri*)和黑颈长尾雉(*Syrmaticus humiae*)等112种仅分布于云南。两栖爬行类中有版纳鱼螈(*Ichthyophis bannanica*)、红瘰疣螈(*Tylototriton verrucosus*)、疣刺蛙(*Rana verrucospinosa*)、云南闭壳龟(*Cuora yunnanensis*)、凹甲陆龟(*Manouria impressa*)等云南特有的珍稀种类约20余种(杨宇明等，1992)。云南鱼类共记录了432种，占全国淡水鱼类的54.0%，而云南特有种高达290种，几乎在云南所有河流及湖泊中均有云南特有鱼类，如洱海特有种大理裂腹鱼(*Schizothorax tailiensis*)、滇池特有种金线鱼(*Sinocylocheilus grahami grahami*)、杞麓湖特有种大头鲤(*Cyprinus pellegrini pellegrini*)、抚仙湖特有种银白鱼(*Anabarilius grahami*)和国内仅分布于云南南部的世界上最大的淡水鳗鱼——暗色鳗鲡(*Anguilla nebulosa nebulosa*)等。

### (4)遗传资源多样性

云南拥有中国最丰富的物种多样性，同时也蕴藏了大量珍贵的遗传基因多样性，特别是许多经济价值高、利用范围广的栽培植物与家养动物，都能在云南找到其野生类型或近缘种。如我国共分布有普通野生稻(*Oryza rufipogon*)、疣粒野生稻(*O. meyeriana*)和药用野生稻(*O. officinalis*)3种野生稻，均分布于云南南部至西南部的边缘热带地区；野荔枝(*Litchi chinensis*)、野生猕猴桃(*Actinidia chinensis*)、大叶茶(*Camellia sinensis* var. *macrophilla*)、滇波罗蜜(*Artocarpus lakoocha*)及林生杧果(*Mangifera sylvatica*)等许多重要的栽培植物的野生型或近缘种在国内也主要分布于云南(吴征镒等，1980)。在国内仅分布于云南南部的家养动物野生类型或近缘种有印度野牛(*Bos gaurus*)、爪哇野牛(*B. javanicus*)、独龙牛(*B. frontalis*)、原鸡(*Gullus gallus*)和赤麻鸭(*Tadorna ferruginea*)等。另外，还有已经驯养的动物如文山黄牛、昭通黄牛、德宏水牛、盐津水牛、大理马、丽江马、保山猪、昭通山羊、云岭山羊、龙陵山羊等，均为云南特有土著品种，是我国具有重要经济价值和开发潜力的遗传基因资源。

(5)生态系统类型多样性

由于复杂、独特的地理环境及多样化的气候条件，云南几乎囊括了我国所有的陆地生态系统类型。从南部的低热河谷到滇西北高山峡谷出现有：湿润雨林生态系统；季节雨林生态系统；山地雨林生态系统；半常绿季雨林生态系统；落叶季雨林生态系统；石灰山季雨林生态系统；季风常绿阔叶林生态系统；半湿润常绿阔叶林生态系统；中山湿性常绿阔叶林生态系统；山地苔藓常绿阔叶林生态系统；山顶苔藓矮林生态系统；硬叶常绿阔叶林生态系统；落叶阔叶林生态系统；暖热性针叶林生态系统；暖温性针叶林生态系统；温凉性针叶林生态系统；寒温性针叶林生态系统；竹林生态系统；石灰岩灌丛生态系统；干热河谷灌丛生态系统；热性河漫滩灌丛生态系统；高寒荒漠生态系统；高山草甸生态系统；河流及高原沼泽与湖泊湿地生态系统；人工农林牧生态系统等 30 个类型(郭辉军等，1998)。其中森林生态系统最为丰富，全国共有 212 个森林类型，云南有 114 个，占全国森林类型总数的 53.8%。

## 5.4 其他四省(自治区)生物多样性

### 5.4.1 广东省生物多样性

(1)物种多样性

得益于独特的地理位置和优越的自然环境，广东省是全国野生动植物种类最丰富、生物多样性保护最重要的省份之一。广东共有野生维管束植物 7 055 种，分隶于 1 645 属，280 科，等等。全省有陆生脊椎野生动物 774 种，其中列入国家一级保护 22 种、二级保护 95 种；比较著名的珍稀濒危动物，如熊猴、云豹、华南虎。高等植物 280 科 1 645 属 7 055 种，列入国家一级保护 9 种、二级保护 45 种，其中也有不少广东特有种，例如丹霞梧桐、大苞白山茶、圆籽荷、报春苣薹等。

(2)生态系统多样性

广东省地处中国大陆最南部，全境位于北纬 20°13′～25°31′和东经 109°39′～117°19′之间。从气候类型上看，属于东亚季风区，从北向南分别为中亚热带、南亚热带和热带气候，是全国光、热和水资源最丰富的地区之一。同时，由于受地壳运动、岩性、褶皱和断裂构造以及外力作用的综合影响，地貌类型复杂多样，有山地、丘陵、台地、平原、河流和湖泊，同时还有超过 3 000km 的海岸线。特别值得一提的是，还有丹霞山和金鸡岭等地的景色奇特的红色岩系地貌，“丹霞地貌”之一地理名词由此得名。由于其独特而优越的自然地理条件，广东省拥有丰富的生态系统类型。森林生态系统、内陆淡水湿地生态系统、珊瑚礁生态系统、红树林生态系统、浅海生态系统、海岛生态系统等。

## 5.4.2 广西壮族自治区生物多样性现状及保护

广西处于云贵高原东南边缘，北回归线横贯中部，自南而北依次出现有北热带、南亚热带、中亚热带3个生物气候带。广西山地丘陵面积占全区土地总面积的75%，多山地造就了复杂的环境条件。不仅如此，广西边缘山地都是周围大地貌的组成部分，例如西北部山地是云贵高原的组成部分；天平山、八十里大南山、越城岭、海洋山、都庞岭、萌渚岭是南岭山地的组成部分；特别是，广西分布有大面积的喀斯特地貌，碳酸盐岩裸露面积占全区总面积的40%。喀斯特地貌在全国乃至全世界是最典型、分布最集中的区域之一。这些极端复杂的环境条件，维持了丰富的生物多样性。

**(1)物种多样性**

生态系统的多样性孕育了丰富的生物多样性，以及丰富的物种特有性。广西已知维管束植物8 354种，隶属288科，1 717属，仅次于云南省和四川省，居全国第三位。境内有国家一级保护野生植物40种，二级保护植物69种。其中德保苏铁、元宝山冷杉、狭叶坡垒等仅分布于广西，其他如单性木兰望天树、合柱金莲木等分布范围也非常狭窄。还有其他珍稀濒危植物，如观光木、金丝李和金花茶组植物等近百种。此外，还有兰科植物300多种，其中特别珍贵的兜兰属植物有12种，占全国的50%，占全球的18%。广西已知陆栖野生脊椎动物884种，占全国的14%以上。有国家一级保护种26种，二级保护种116种。中国十大毒蛇广西分布有9种。广西共有海洋生物1 766种。其中红树植物种数居全国各省(自治区)的第三位。此外在喀斯特地貌中，石灰岩的双层结构形成独特的地下石灰岩生态系统，包涵了独特的生物类型，如栖居洞穴中的象棕果蝠、鞘尾蝠、大蹄蝠、三叶蹄蝠、须鼠耳蝠、中华鼠耳蝠、小菊头蝠等蝙蝠。地下水体中生存的多种鱼类，如鸭咀金线鲃、叉背金线鲃、白斑金线鲃、田林金线鲃、无眼平秋、无眼原花鳅等洞穴盲鱼，以及小眼金线鲃等广西地方特有物种。高度的物种特有化极大丰富了遗传多样性。

**(2)生态系统多样性**

广西特殊的地理位置和复杂多样的环境，构成多样性的生态系统。广西生态系统类型有森林、灌丛、农田、湿地等多种类型，且每种类型又包括多种气候型和土壤型。例如，在广西森林生态系统中，天然植被就包含有针叶林、阔叶林、竹林、灌丛、草丛等5个植被型组，14个植被型，26个植被亚型，301个群系。

## 5.4.3 四川省生物多样性

四川省位于中国西南部，地处长江和黄河上游，省域东部、南部和西南部属长江流域，西北隅的若尔盖、红原、阿坝县部分区域属黄河流域；复杂的地形地貌以及多样的气候类型，造就了高度的生物多样性。这里是中国西部生物多样性的重要宝库，也是世界25个生物多样性热点地区“喜玛拉雅—横断山区”的核心组成部分。

(1)物种多样性

四川的野生生物资源十分丰富。有高等植物万余种，分属232科，1 600属，国家重点保护的植物有75种，包括国家Ⅰ级重点保护野生植物如红豆杉、珙桐、独叶草、光叶蕨、峨眉拟单性木兰等17种，国家Ⅱ级重点保护野生植物如西康玉兰、润楠、红花绿绒蒿、川黄檗、香果树等58种。全省脊椎动物超过1 300种，包括兽类219种、鸟类647种、爬行类105种、两栖类111种、鱼类246种，其中国家重点保护野生动物154种，国家Ⅰ级重点保护野生动物如大熊猫、川金丝猴、林麝、扭角羚、白唇鹿、巨蜥、白鲟、绿尾虹雉等32种；国家Ⅱ级重点保护野生动物如黑熊、大鲵、红腹锦鸡、细痣疣螈、川陕哲罗鲑等122种。

(2)生态系统多样性

四川省生态系统类型丰富，除缺乏海洋和海岸生态系统外，其它的生态系统类型都具有。森林生态系统里包含了常绿阔叶林生态系统、硬叶常绿阔叶林生态系统、常绿与落叶阔叶混交林生态系统、落叶阔叶林生态系统、暖性针叶林生态系统、温性针叶林生态系统、寒温性针叶林生态系统、针叶与阔叶混交林生态系统、竹林生态系统；此外还有高山灌丛生态系统、干旱河谷灌丛生态系统、干热河谷稀树灌丛生态系统、山地草甸生态系统、亚高山草甸生态系统、高山草甸生态系统、沼泽化草甸生态系统、高山流石滩植被生态系统河流湿地生态系统、湖泊湿地生态系统以及沼泽植被生态系统。

### 5.4.4 福建省生物多样性

福建省地处中国东南沿海，位于东经115°50′~120°43′，北纬23°30′~28°22′，海拔200m以上的山地、丘陵占全省土地总面积的87.3%，多山地的地形地貌特征造就了复杂多变的生境类型，为形成和维持较高的生物多样性创造了环境条件。由于地处东亚大陆东南部，是季风气候强烈影响的地区，属温暖湿润的亚热带海洋性季风气候，形成了丰富的亚热带植物区系所组成的常绿阔叶林植物群落。

(1)物种多样性

植物种类丰富，热带、亚热带的科属种类多。目前福建约有维管束植物248科，1 596属，4 703种。其中蕨类植物45科，105属，382种；裸子植物10科，31属，70种；被子植物共有193科1 460属4 251种。野生动物同样种类众多，分布有哺乳类147种、鸟类557种、爬行类123种、两栖类46种、昆虫1万多种，国家重点保护的珍贵濒危野生动物多达164种。

物种起源古老，含有中国特有成分比例较高。福建植物区系中含有丰富的古老植物。蕨类植物中如古生代的松叶兰、福建观音座莲等均是白垩纪已存在的古老孑遗植物。被子植物也有不少古老的科、属、种。福建计有中国特有分布37属、26科，占总属数的3.21%，占全国特有成分总数的19.47%。

### (2)生态系统多样性

福建多样化的生境条件构成了生态系统多样性的基础。综合考虑纬度地带性和垂直地带性对植物群落形成及维持的影响，福建的陆域生态系统几乎涵盖了从南亚热带到暖温带的绝大部分类型，有森林生态系统、灌丛生态系统、草地生态系统、湿地生态系统以及人工植被生态系统。同时，福建毗邻东海，陆地海岸线长逾 3 000km，且岛屿众多，使得其拥有了丰富多变的浅海生态系统以及岛屿生态系统，这些都体现了较高的生态系统多样性。

福建温暖潮湿的海洋性气候和独特的地貌和土壤条件，蕴育了复杂多样的生态系统，由于第四纪冰川对本地影响不大，这为古老物种的保存、新物种的分化以及各种地理成分的交流创造了良好的条件。因此，植物地理成分较为复杂，植物物种组成异常丰富。其中，武夷山是世界生物多样性保护的重点地区，为世界同纬度现存最典型、面积最大、保护最完整的中亚热带原生性森林生态系统，也是世界生物圈保护区和世界自然遗产。

# 专题二　抢救生物多样性

## 活动六：讨论生物多样性的威胁

【活动目标】

了解抢救生物多样性的必要性。

【活动方式】

课前查阅和收集相关资料，课上讨论汇报交流。

【活动内容】

活动者(学生小组)根据资料课堂现场讨论：生物多样性现状(全球、中国、当地)；生物多样性受威胁的原因；汇报交流

【活动记录】

______________________________

______________________________

______________________________

______________________________

【活动启示】

______________________________

______________________________

______________________________

______________________________

【活动评估】

对活动小组讨论的结果及展现方式等方面进行自我和教师评价。

______________________________

______________________________

______________________________

______________________________

【背景知识】

## 1. 生物多样性威胁现状

生物物种的发生、发展、衰退和消失需要经历一个漫长的过程，在这个过程中生物的形成与绝灭的速率基本接近。但是，自人类社会出现以后，随着人口的剧增，人类向自然界索取生物资源的规模越来越大，强度越来越高，最终导致生态系统恶化，资源日益枯竭，物种的生存受到严重威胁。

人类对物种灭绝速度的影响可追溯到几千年以前，但自 19 世纪开始，人类的影响明显增加。目前，还没有准确的统计，究竟有多少物种已经灭绝，因为人们还不能确切知道地球上有多少物种。但是，毫无疑问，当今物种灭绝的速度要比 200 年前快得多，如果没有充分的研究，任何学者都不能断定某个物种已经灭绝。有时有些种已列入灭绝名单，但可能随后又重新发现，这也是常有的事。对于物种灭绝的估计大多是间接的。对于鸟类和哺乳动物的统计表明，自 1600 年以来，大约有 113 种鸟类和 83 种哺乳动物已经消失，在 1850—1950 年间，鸟类和哺乳动物灭绝速度平均每年 1 种。对于大多数生物类群来说，一个种的平均寿命为 100 万 ~ 1 000 万年，按目前估计的 1 000 万个物种计算，每年只有 1 ~ 10 个物种可能消失。

由于各种不同的原因，一些地区生物学群落的物种比另一些地区生物群落的物种受到更多的灭绝威胁，这些受到严重威胁的区域和生物学群落被称为“临界的生态系统”。在未来的几十年中，大多数物种的灭绝将出现在岛屿和热带森林。据推算，1990—2020 年间，由热带森林的砍伐所引起的物种灭绝，可能导致 5% ~ 15% 的世界物种消失，按地球的 1 000 万种物种计算，每年可能有 15 000 ~ 50 000 个物种灭绝。历史上，物种的灭绝威胁主要是岛屿上的物种，大陆上脆弱的物种的消失是少数，岛屿上大约有 74% 的鸟类和哺乳动物灭绝。目前岛屿上物种依然处于高度濒危状态。

低等生物和无脊椎动物（包括昆虫）、真菌、藻类及微生物，因物种繁多，有无数物种尚未发现或描述，其濒危物种无法作出估计。

据记载，19 世纪以前，物种灭绝速度为每 1 000 年 1 种；到 19 世纪工业革命时代，物种灭绝达到每年 1 种；20 世纪中叶加速到每天 1 种；现在每 6 小时就有 1 个物种灭绝。目前全球有 2 万种植物、3 400 多种脊椎动物濒危，形势极为严峻。2012 年世界自然保护联盟（International Union for Conservation of Nature，IUCN）濒危物种红色名录显示，在所有受评估的 6 万多类生物物种中，已经灭绝和受到不同程度威胁的占 32%，尤以两栖类受威胁程度最高，达 41%。

中国是生物多样性最为丰富的 12 个国家之一，又是生物多样性受到威胁最严重的国家之一。据初步统计，约有 433 种脊椎动物濒危，占中国脊椎动物总数的 6.8% 左右，高等植物濒危种有 1 009 种，占总数的 3.4%（表 2-1）。近 50 年来，我国有 200 种植物灭绝，高等植物受威胁种已达 4 000 ~ 5 000 种，占总种数的 15% ~ 20%，高于世界 10% ~ 15% 的水平。据濒危野生动植物国际贸易公约的资料显示，640 种世界性濒危物种中，我国有 156 种，约为总数的 25%。许多贵重药材如人参、天麻等濒临绝灭。1987 年，国家环境保护局和中国科学院植物研究所出版的《中国珍稀濒危保护植物名录》确定了我国需要保护的389种珍稀濒危植物，其中蕨类植物13种，裸子植物71种，被子植物305种，定为濒危的种类121种，稀有的种类110种，渐危的种类158种，这个数字目前仍在上升中。

表2-1 中国主要生物类群的濒危物种数目

| 类群 | 物种总数 | 濒危物种数 |
| --- | --- | --- |
| 脊椎动物 | | |
| 哺乳类 | 645 | 133 |
| 鸟类 | 1 329 | 183 |
| 爬行类 | 412 | 96 |
| 两栖类 | 295 | 29 |
| 鱼类 | 3 862 | 93 |
| 小计 | 6 543 | 534 |
| 高等植物 | | |
| 被子植物 | 28 356 | 826 |
| 裸子植物 | 237 | 75 |
| 蕨类植物 | 2 549 | 80 |
| 苔藓植物 | 2 900 | 28 |
| 小计 | 34 042 | 1 009 |
| 合计 | 35 144 | 1431 |

资料来源:《中国生物多样性国情研究报告》《云南省生物多样性保护规划研究》、陈领，1999。

近百年来，我国有10余种动物绝迹。如犀牛(*Rhinoceros* sp.)、麋鹿(*Elap hurus davidianus*)、高鼻羚羊(*Saiga tata rica*)、白臀叶猴(*Pygathrix nemaeus*)以及植物中的崖柏(*Thuja sitchuanensis*)、雁荡润楠(*Machilus minutiliba*)、喜雨草(*Ombrocharis dulcis*)等，已经消失了几十年甚至几个世纪，但人们普遍认为高鼻羚羊是在20世纪50年代以后在新疆灭绝的。目前，大熊猫、金丝猴、东北虎、雪豹等20余种珍稀动物的分布区明显缩小，居群数量骤减，面临灭绝。海南坡鹿在解放初期有2 000头，20世纪80年代初仅残余76头；黑冠长臂猿由2 000头减少到30头左右。

许多水域中某些经济价值高的物种和敏感物种逐步减少甚至消失。如长江的“三鲟”、江豚、白鳍豚变为稀有、濒危动物，长江鲟鱼、鳜鱼、银鱼等经济鱼种变得十分稀少；海产对虾、海蟹、带鱼、大小黄鱼等主要经济鱼种的可捕捞量也不断缩减。大量的水生生物处于濒危或受威胁状态。

中国237种裸子植物中，有近1/3处于濒危和稀有状态。约有4 000种被子植物受到各种威胁，占全部被子植物的13%，列入珍稀濒危保护的植物约有1 000种。农作物的遗传资源也面临严重威胁。由于推广优良品种，许多古老的名贵品种正在绝迹。如云南省景洪县，1964年发现有2种野生稻共24处，由于开垦农田和种植橡胶，至20世纪80年代末只剩下1处。山东省的黄河三角洲和黑龙江省的三江平原，过去遍地长满野生大豆，现在只在少数地区有零星分布。上海市郊区1959年有318个蔬菜品种，1991年只剩下178个，丢失了44.8%。对中国宝贵的栽培植物遗传资源如果不立即抢救，就会面临丧失的危险。动物遗传资源受威胁的现状也很严重。如中国优良的九斤黄鸡、定县猪已经绝灭，北京油鸡数量剧减，特有的海南岛峰牛、上海荡脚牛也很难找到。遗传基因丧失的后果是无法估量的。

总之，在过去几百年内，人类使物种灭绝速率比历史上物种自然灭绝速率增加 1 000 倍。2010 年发布的第 3 版《全球生物多样性展望》指出，全球生物多样性丧失的趋势仍没有得到有效遏制。当前生物多样性丧失趋势正使生态系统滑向不可恢复的临界点，如果地球生态系统最终发生不可挽回的变化，人类文明所赖以生存的相对稳定的环境条件将不复存在。

# 2. 影响生物多样性的因素

我国生物多样性丧失的根本原因在于人口的剧增和人为造成的自然资源的高速消耗，不断缩小的农、林、渔生产，严重的环境污染等。

## 2.1 生态系统破坏

人为活动使生态系统不断遭到破坏而导致恶化，已成为目前最严重的环境问题之一。森林是陆地生态系统中分布范围最广、生物量最大的植被类型，许多动植物生活在森林里，它们的生存均依赖于一个健康的生态系统。然而，在人类的经济活动中，森林生态系统是遭受破坏最严重的地方也是当下生物多样性受威胁最严重的地方，其生态系统遭到不同程度的破坏。

联合国环境规划署报告称，有史以来全球森林已减少了一半，主要原因是人类活动。根据联合国粮食及农业组织(FAO)2001 年的报告，全球森林从 1990 年的 $39.6\times10^8hm^2$ 下降到 2000 年的 $38\times10^8hm^2$。全球每年消失的森林近千万公顷。虽然从 1990 至 2000 年的 10 年间，人工林年均增加了 $310\times10^4hm^2$，但热带和非热带天然林却年均减少了 $1\ 250\times10^4hm^2$。南美洲共拥有全球 21% 的森林和 45% 的世界热带森林。仅巴西就占有世界热带森林的 30%，该国每年丧失的森林高达 $230\times10^4hm^2$，仅 2000 年就生产了 $1.03\times10^8m^3$ 原木。中部非洲共拥有全球 8% 的森林、16% 的热带森林。1990 年森林总面积达到 $3.3\times10^8hm^2$，2000 年森林总面积为 $3.11\times10^8hm^2$，10 年间年均减少 $190\times10^4hm^2$。东南亚拥有世界 10% 的热带森林。1990 年森林面积为 $2.35\times10^8hm^2$，2000 年森林面积为 $2.12\times10^8hm^2$，10 年间年均减少 $233\times10^4hm^2$。与世界其他地区相比，东南亚的森林资源消失速度更快。

FAO 发布的《2010 年全球森林资源评估》显示，世界森林总面积仅略高于 $40\times10^8hm^2$，占陆地总面积的 31%，人均森林面积为 $0.6hm^2$。其中，10 个国家或地区已经完全没有森林，另有 54 个国家的森林面积不到其国土总面积的 10%。

2011 年 1 月，粮农组织亚太地区林业委员会出版了《亚太地区林业展望研究：东南亚地区子报告》，对 1990 年以来东南亚地区森林面积、森林蓄积和森林健康状况的变化趋势进行了分析。1990—2010 年，东南亚地区毁林达 $4\ 200\times10^4hm^2$，相当于该地区陆地面积的 8%。根据《2010 年全球森林资源评估》的数据，东南亚地区毁林率在 2000 年后明显下降，但 2005 年后重返上升趋势，与印尼的森林资源变化趋势大体相同。20 世纪 90 年代，东南亚年毁林面积曾高达 $240\times10^4hm^2$，2000—2005 年降为年均 $70\times10^4hm^2$，此后 5 年又升至年均 $100\times10^4hm^2$ 以上。

东南亚主要毁林地区位于苏门答腊岛、加里曼丹岛、西巴布亚地区和缅甸，还有许多小片毁林区域位于老挝、越南、柬埔寨、菲律宾和泰国北部地区，上述地区均是生物多样性较高的区域。老挝、越南、缅甸和柬埔寨的毁林多发生于山区，尤其是有常绿林和半常绿林分布的山区。在柬埔寨、缅甸中部、老挝中南部和越南中部的平原地带，也有常绿阔叶林和落叶低地森林的毁林现象。在边境地带也经常发生毁林。苏门答腊岛、加里曼丹岛和西巴布亚地区的多数低地森林均出现了毁林和森林衰退，尤其在距加里曼丹边境较近的沙捞越地区。毁林的主要原因是将森林皆伐后种植油棕榈。另外，整个东南亚地区的红树林面临严重威胁，其面积由2005年的$510\times10^4hm^2$降至2010年的$490\times10^4hm^2$，年均毁林率为0.9%，远高于东南亚的平均毁林率0.5%。

据第八次全国森林资源清查公布的结果，中国森林面积$2.08\times10^8hm^2$，森林覆盖率21.63%。这个数据显示森林覆盖率呈增长趋势，但主要是人工林面积的增长，作为生物多样性资源宝库的天然林仍在减少，并且残存的天然林也大多处于退化状态。我国森林覆盖率远低于全球31%的平均水平，人均森林面积仅为世界人均水平的1/4，人均森林蓄积只有世界人均水平的1/7。尤其要引起重视的是，现有质量好的宜林地仅占10%，质量差的多达54%，且2/3分布在西北、西南地区。这种现状直接导致我国林地生产力低，森林每公顷蓄积量只有世界平均水平的69%，人工林每公顷蓄积量只有$52.76m^3$。林木平均胸径仅有13.6cm。

约占我国国土面积1/3的草原地带，近20年来产草量已下降1/3~1/2，尤其是北方半干旱地区草场退化极为严重，草原生态系统面临严重衰退的局面。在草原受破坏、风沙活动加剧的威胁下，北方沙漠化进程已经加快，沙漠化面积大幅度增加。以内蒙古自治区为例，目前全区退化草场面积占可利用草场面积的50%左右，其中严重退化面积接近总面积的20%。素以水草丰美著称的呼伦贝尔草原和锡林郭勒草原，退化草原面积分别达到23%和41%，退化最严重的鄂尔多斯高原的草场退化面积达68%。许多生活在草原生态系统的物种面临严峻的生存考验。

除了陆地生态系统遭到破坏，水域生态系统也不能幸免。近30多年来，我国海岸湿地已被围垦超过$700\times10^4hm^2$，加上自然淤涨成陆和人工填海造陆，给垦区附近广大水域的海洋生物资源造成长久的不利影响。20世纪50年代初期我国南部海岸的红树林有$5\times10^4hm^2$，由于几十年来的大面积围垦毁林，红树林遭到严重破坏，目前仅剩$2\times10^4hm^2$，且部分已退化成为半红树林和次生疏林。同样，生活在湿地或红树林中的物种也面临着严峻的生存挑战。

我国海岸珊瑚礁资源以海南岛海岸分布最广，全岛1 600km海岸礁区海洋生物资源丰富。近10多年来，由于当地居民采礁烧制石灰、制作工艺品等，导致海南岛沿岸80%的珊瑚礁资源被破坏，有些岸段礁资源濒临绝迹，其生物多样性短期内已经无法恢复。

淡水生态系统则由于兴建大型水利、电力工程及围湖造田等受到严重破坏。如长江流域的大量湖区湿地转变为农田，仅湖北、湖南、江西、安徽4省初步统计的围垦面积达到$113\times10^4hm^2$。湖北号称“千湖之省”，目前只剩下326个湖泊，湖面由$83\times10^4hm^2$减至$24\times10^4hm^2$，不仅缩小了湿地和水生物种生境，还带来了洪水调节能力下降的问题，同时也堵塞了某些重要经济鱼类的回游通道，如三峡工程的实施对白鲟豚的生存产生了影响。

2012年，《濒危野生动植物物种国际贸易公约》(Convention on International Trade in Endangered Species of Wild Fauna and Flora，CITES)联合谷歌公司上线了一款名为“全球森林监察”的交互地图网站。根据GFW的统计，2001—2012年，中国森林的损耗面积位列全球第六，共失去约$611.3\times10^4hm^2$的林地，而新增的林地面积仅约损失份额的1/3。中国、韩国和日本三国首都城区的地图对比让我们汗颜，北京整个城区有如沙漠少见绿色，反观东京和首尔，过半区域被绿色覆盖，尤其是东京，城区一隅有如喷了绿漆。

对生态系统的破坏已经让我们吃到苦头。根据联合国估计，从1980年以来，在中国北部，沙漠已经吞噬了$81\times10^4hm^2$农田、将近$243\times10^4hm^2$牧场和$650\times10^4hm^2$森林。几乎四分之一的中国已经是沙漠。中国北方持续的沙漠化已经把世界上发展最快的经济体、一个拥有13亿人口的国家推向了全球淡水危机的前沿。

中国荒漠化面积有$262.2\times10^4km^2$，占国土面积的27.3%，每年还新增2 460$km^2$，涉及18个省、471个县(尤以西北及内蒙古6省、自治区最为严重，占全国荒漠化面积的71.1%)。受荒漠化影响，全国40%的耕地在不同程度地退化，其中$800\times10^4hm^2$危在旦夕，$1.07\times10^8hm^2$草场也是命若游丝，每年造成的经济损失有541亿元，相当于西北5省3年的财政收入。

## 2.2 生境破碎化

生态系统破坏包括两个动力学过程：生境丧失和生境破碎化。生境破碎化是在人为活动和自然干扰下，大块连续分布的自然生境，被其他非适宜生境分隔成许多面积较小生境斑块(岛屿)的过程。生境破碎化可导致生态系统严重退化，在热带地区，65%的自然生境已消失；在温带地区，原始的自然生境已不存在，大面积的水域已被分割。生境破碎化是许多物种濒危和绝灭的重要原因。

据估计，现已确定绝灭原因的64种哺乳动物和53种鸟中，生境丧失和破碎引起其中的19种和20种绝灭，分别占总数的30%和38%。因生境丧失和破碎化而受到绝灭威胁的物种比例则更高，在哺乳动物和鸟中约占48%和49%，在两栖动物中高达64%。生境破碎化不仅导致适宜生境的丢失，而且能引起适宜生境空间格局的变化，从而在不同空间尺度影响物种的扩散、迁移和建群，以及生态系统的生态过程和景观结构的完整性。在连续的生境中，种群内的个体通过扩散和迁移，寻找和开拓新的生境和资源，降低亲缘个体间的资源竞争，避免近亲繁殖，降低遗传漂变，增加不同种群间的遗传基因交流，扩大物种的分布范围，增加个体和种群存活的机会。

在破碎的生境中，由于适宜的生境斑块周围分布着不适宜的生境，种群中的个体受到隔离效应(Isolation effects)的影响，正常迁移和建群受到隔离或限制。同时，因适宜的生境斑块面积不断减少，种群的规模变小，各种随机因素对种群的影响随之增大，近亲繁殖和遗传漂变潜在的可能性增加，种群的遗传多样性下降，影响物种的存活和进化潜力。生境破碎化还可引起斑块边缘的非生物环境(如光照、温度和湿度)和生物环境的剧烈变化，从而导致边缘效应(Edge effects)，进一步减少适宜生境的面积，引起大量的外部物种入侵。随着生境破碎化，景观中非适宜生境的类型和面积不断增加，各种斑块的相互作用随之增加，这最终会改变斑块生境的物种丰富度、种间关系、群落结构以及生态系统过程，导致生态系统退化。

### 2.2.1 生境破碎化对物种多样性的影响

生境破碎化是物种多样性丧失的一个重要原因。景观破碎化导致生物生境的破碎化，致使生物生存空间割裂和缩小。要求较大空间的特殊种与较少受细粒破碎化影响的普通种相比，破碎化减少了特殊种的栖息地，却对普通种的生存较为有利。景观的破碎化对物种的影响可借用岛屿生物地理学的一些概念来解释。相对于大块林地，小块林地物种较少且普通种较多，特殊种的数量随着林地面积的扩大而增加。在智利，生境的破坏是造成鸟类区系丰度和多样性降低的主要原因。对斑块破碎化敏感的物种的移居和定殖能力相对较弱。Fritz 等(2009)对 5 020 种哺乳动物进行研究后发现，体型较大的物种在热带地区有显著高的灭绝风险，尤其是一些分布范围窄、数量稀少的大型哺乳动物，主要原因是人类活动造成大范围的土地开发。

生境破碎化导致生物多样性丧失的原因主要有减少种群的面积，阻碍基因的流动，阻止种群的自由扩散，对于大的自然灾害的强烈感应，外界生物体的侵扰(寄生、竞争、捕食等)改变生态过程，改变物理状况(如改变微气候等)等。

**(1)物种生存面积**

物种的生存需要一定的适合生存的面积，由于破碎化，大的斑块越来越少，而小的彼此孤立的斑块越来越多，这些斑块里物种生存的可能性越来越小。西班牙地中海沿岸森林的破碎化导致鸟类资源持续减少。鸟类的丰富度与景观的破碎程度有很大关系，但是受生境特点的影响比较小。在西班牙南部景观破碎和退化比较小的地区有 17 种特有种，而在北部景观破碎化和退化严重的地区只有 1 种特有鸟类。研究表明，森林鸟类仅仅在面积大于 100hm 的森林斑块中筑巢，这可以解释为西班牙林地的生境维持能力比较低，与地中海式气候和人类的长期干扰造成景观破碎和持续退化有关，因此，应该采取措施防止生境退化和景观破碎，保护所有面积大于 100hm 的林地。对西班牙伊比利亚半岛上的猞猁(*Lynx pardinus*)种群变化进行的调查表明，种群占有生境的面积小于 500km 时就会灭亡，在生境质量满足的情况下 1 个猞猁种群在 35 年内不灭亡所需要的最小生境是 500km。在生境破碎化过程中均存在一个适宜生境比例阈值，小于这个阈值，动物种群将因为隔离效应而快速下降。如当原始森林的比例被减至 20% 以下时，斑点猫头鹰( *Strix occidentalis caurina*)的种群将趋于绝灭；林蛙(*Rana sylvatica*)和斑点蝾螈(*Ambystoma maculatum*)两种森林两栖类，在森林覆盖率小于 30% 的破碎景观中消失，而红点水螈(*Notop hthalmusv viridescens*)在森林覆盖率小于 50% 以下时消失。

**(2)种群扩散和迁入**

破碎化的景观对物种的自由扩散产生不同程度的影响。Kerrh 等(2004)对生活在加拿大的 243 种受不同程度威胁的陆生物种进行了生存现状的分析，发现尽管加拿大具有广阔的荒野，但农业活动导致的生境破碎化阻断了动物扩散的迁徙，使得区域内物种的恢复难度增加。而一些繁殖率低、活动范围比较大的动物，如赤猞猁等，就很容易在破碎化的景观中遭到灭绝。Cosson 等(1999)主要研究了法属圭亚那陆地桥梁岛屿上脊椎动物种群的变化，主要包括蜥蜴、鸟类、不会飞的小型哺乳动物、蝙蝠和灵长类动物，它们的扩散能力有很大不同。研究结果表明，在没有考虑物种越水扩散能力的情况下，森林景观的破碎化迅速改变着脊椎动物的多样性。那些隔离前出现在各个岛屿上的物种隔离后已经从有些岛屿消失。Michel 等(2003)对比了沼泽豹纹蝶(*Proclossiana eunomia*)在连续和破碎景观中的扩散率，发现当种群密度在相同数量层次的时候，破碎景观中斑块间的扩散能力明显较低。

#### (3)物理状况变化

景观破碎化可以导致景观内部物理状况如温度、湿度、光照等的变化，对于那些对环境要求苛刻的物种会产生不利影响。如黄连(*Coptis chinensis*)和短萼黄连(*Coptischinensis* var. *brevisepala*)对阴湿条件的适应与要求，导致其对环境条件要求较高。这些物种所在的景观一旦遭到破碎，物种就很可能灭绝。

#### (4)生境质量变化

破碎化对物种生境的数量、分布和质量都会产生影响，破碎化造成的质量下降不可忽视。对澳大利亚西南部的红褐旋木雀(*Climacteris rufa*)种群生存的调查发现，红褐旋木雀在破碎景观和非破碎景观之间的捕食率区别不大，但是在破碎化景观中雏鸟的食物供应率和猎物总量显著低于未破碎的景观，平均生境质量也明显比较低，繁殖成功率、幼鸟存活率、食物供应量和生境质量都会受到威胁。

#### (5)景观结构的改变

破碎景观中，不同景观结构对于物种种群的影响程度存在差异。Jean(1997)的研究建立了热带破碎化地区植物多样性与景观空间结构的关系，森林连接度和景观镶嵌复杂性是联系树种丰富度和均匀度变化的主要空间结构因素。森林斑块的空间排列和基质的复杂性对于被研究种类生存的控制作用也许比破碎化和隔离更为重要。Kevin(2003)的研究表明，生境数量和结构都可以影响物种的生存，在同一景观中，生境的数量、配置和结构复杂性对生存的影响是不同的，增加结构复杂性不总是能导致物种存活率上升。

#### (6)边缘效应

生境破碎化引起斑块边缘非生物环境(如光照、温度和湿度)和生物环境的剧烈变化，从而导致边缘效应。边缘效应的影响可以深入到森林内 1 000m 甚至更远，这在破碎景观中进一步减小了适宜生境的面积，引起大量外部物种入侵。Stevens(1998)发现，小哺乳类物种多样性从森林内部向边缘递减。此外，边缘效应可导致种群的遗传多样性下降。如我国北方农区的大仓鼠种群，其遗传多样性在分布区的中心区高，边缘区低，并与该种群与边缘区的距离呈显著正相关。边缘效应还可以对斑块内部物种丰富度和多度产生重要影响。

道路增加产生的边缘效应可以引起比道路本身所占面积大得多的生境退化，Forman & Deblinger(2000)估算麻省高速公路的平均边缘影响深度(Depth of edge influence，DEI)是600m。边缘效应影响还涉及微气候、空气质量、噪音环境、土壤理化性质和其他生态系统过程等许多方面。对亚马孙森林破碎化的研究显示，物种丰富度与斑块大小呈正相关，原始森林比破碎森林拥有更多的物种，一些对面积高度敏感的物种在破碎化的森林生境中消失。

边缘效应还可引起捕食率增加。由于生境破碎化，斑块的面积变小和隔离使捕食—猎物关系也发生相应变化。由于小斑块提供的庇护场所较少和边缘面积增加，猎物被捕获的几率增加，动物种群生存受到威胁。如在美国中西部，森林鸟类的窝捕食(Nest predation)率随着森林覆盖率升高而降低，在破碎景观中窝捕食率上升。由生境斑块化导致的捕食率升高多发生在斑块边缘。在生态交错区，幼鸟可能遭到更多捕食者的捕食，从而使幼鸟羽化率低于核心区。

### 2.2.2 生境破碎化对生态系统的影响

景观破碎化使景观中非适宜生境的类型和面积不断增加，各种斑块的相互作用增加，改变了生态系统中的能量平衡和流动的渠道，影响了物质循环尤其是水分循环的途径，这将最终改变生态系统内的物种丰富度、种间关系、群落结构和生态系统的生态过程，导致生态系统功能的退化和类型的消失。哥伦比亚是世界上动植物资源最丰富的国家之一，生物多样性的丧失和景观的变迁非常迅速，以至于现在整个生态系统类型有消失的危险，有些地区的原始热带雨林只剩下25%。Laurance等(2002)对亚马逊河森林长达22年的调查发现，生境破碎化改变了碳循环速率，造成碳储量降低。

### 2.2.3 生境破碎化对遗传多样性的影响

破碎化造成遗传隔离，使残存种群中遗传可塑性缺乏而导致繁殖失败。许多研究证实，生存于小生境片段中的小种群具有很高的绝灭风险。在破碎的生境中，由于在适宜的生境斑块周围分布着不适宜的生境，种群中的个体受到生境破碎化产生的面积效应和隔离效应的影响，正常迁移和建群受到隔离或限制。同时，因适宜的生境斑块面积不断减少，种群的规模变小，种群的基因交流受到了进一步限制，近亲繁殖增加，种群遗传多样性下降，种群由于繁殖力下降而引起生存力下降。特别是对于有高度破碎化种群结构的物种，近亲繁殖将导致小而隔离种群数量下降以致最终绝灭。如Dixon(2007)发现，由于人类活动阻碍了美国佛罗里达美洲黑熊种群个体间的扩散，导致基因流受阻，形成遗传分化程度很高的9个种群，个体数量下降。

## 2.3 环境污染

随着科技的发展，社会的进步，人类为了各种经济目的向大自然排放有毒物质的行为举不胜举：工业废水、汽车尾气、固体垃圾、原油泄露，等等，都使生物生存的环境急剧恶化。人类还向大气圈排放了大量的废弃物质，如氮氧化物、硫化物、碳氧化物、碳氢化合物、光化学烟雾等，还有各种粉尘、悬浮颗粒(包含各种金属颗粒)，这些有害物质不断增加，造成了臭氧层损耗加剧、大范围酸雨、全球气候不稳定、异常气候增多，使许多动植物的生存环境受到影响。大量的工业废水和生活污水被排入湖泊、河流，使水体的自净功能受损，大大加剧了水体的富营养化，鱼类的生存受到威胁。如由大气污染导致的酸雨已使挪威南部2 000多个湖泊成为死湖，德国约有50%的森林由于酸雨的危害而丧失或受到严重破坏。中国的环境污染形势不容乐观，中国每天排放的污水每年以8%的速度递增，几乎和经济增长率一致，表明中国的经济发展很大程度上是建立在以牺牲环境为代价的基础上。据《中国环境状况公报》报道，我国1998年废水排放量就已达到$395 \times 10^8$ t，$SO_2$排放量为$2\,090 \times 10^4$ t，烟尘为$1\,452 \times 10^4$ t，工业粉尘为$1\,322 \times 10^4$ t，工业固体废物排放量为7 034 × $10^4$ t，酸雨面积约占国土面积的30%。我国不少河流和湖泊由于遭到工业废水和生活污水的污染，导致水生生物大量减少或消失。以武汉为例，武汉市东湖在20世纪后期的近20～30年间，由于生活污水排入等原因，水底生活的动物从113种减到26种，在渔获物中除放养鱼类外，原有的60多种鱼已难见到。

## 2.4 过度开发利用

滥捕乱杀和乱采滥伐同样使我国的生物多样性受到严重威胁。在濒临灭绝的脊椎动物中，有37%受到过度开发的威胁。许多野生动物因被作为“皮可穿，毛可用，肉可食，器官可入药”的开发利用对象而遭到灭顶之灾。藏羚羊是我国特有物种，它的羊绒比金子还贵重，是国家一级保护动物。1986年在西藏、新疆、青海三省藏羚羊的栖息地，平均每平方千米有3～5头。20世纪90年代初，平均每平方千米仅存0.2头。近年来，藏羚羊已经濒临灭绝，然而偷猎者的枪声仍然不时作响。

由于人口急剧增长，人类对自然资源的开发利用大大增加。渔业资源的过度捕捞、森林砍伐、野生动植物的乱捕滥采等过度开发利用生物资源的行为，已经成为生物多样性急剧锐减的原因之一。由于国家和个人对药用植物的收集增加，不少地方乱砍滥伐问题严重，导致药用植物越来越少。据统计，全球有400多种药用植物濒临灭绝，有些植物甚至能够被用来治疗癌症和艾滋病等疾病。冬虫夏草是我国药用价值和经济价值较高的中草药，由于人为过度采挖破坏了其生长的环境条件，冬虫夏草资源越来越少，目前处于濒危状态。2007年，甘肃野生冬虫夏草的价格竟然高达每千克4.8万元。另外，人类为了品尝鱼翅这道所谓的美食，残忍地猎捕鲨鱼，割鳍后抛弃。相关统计数据表明，制作鱼翅每年需要4 000万头鲨鱼，这将导致全球的鲨鱼种群和物种数量锐减。《全球鲨鱼生存现状》报告中指出，鲨鱼很有可能处于因人类活动而灭绝的第一批海洋生物物种之列。

## 2.5 外来物种入侵

生物入侵(Biological invasion)是指某种生物由原来的自然分布区域扩展到一个新的地区，在新的地区，其后代可以繁殖、扩散并维持下去。具有入侵潜能的外来种通常表现出具有生态适应的广谱性、生长发育迅速、繁殖力强、产生化感物质、具有较大的环境耐性、较高的协同进化潜力、能破坏生态系统原有的物种共生关系等特性，通过传播疾病、竞争、捕食或与本地种杂交等方式，影响本地物种的多样性及其生态系统功能。

外来物种入侵已经成为全球性的问题。许多人类活动，如农业、渔业、旅游、运输、贸易等，均可有意或无意地促进物种跨越天然的扩散屏障而在全球范围内传播。世界上许多国家都遭受过或正在遭受外来入侵生物的严重危害。如20世纪初，亚洲栗枯萎病菌(*Endothia parasitica*)传入纽约，在短短10年间就传遍了美国东部1/3的地区，摧毁了几乎所有曾为当地优势种的美洲栗(*Castanea dentata*)；20世纪50年代，捕食性动物尼罗河河鲈(*Lates niloticus*)引入东非维多利亚湖，导致200多种本地鱼类灭绝，成为现代脊椎动物最巨大的灭绝事件。

外来入侵物种往往具有较强的适应性，能广泛分布，取代本地物种，破坏本地群落的结构和功能，导致生物多样性降低。这些物种的扩张降低了本地植物和动物区系的独特性，导致全球物种组成的趋同。生物入侵同时也带来了巨大的经济损失。美国每年因外来入侵物种造成的经济损失达1370亿美元。至2005年，我国每年由外来杂草对农作物生产造成的经济损失也超过15亿元。以下是发生在我国一些严重的外来物种入侵案例。

原产中美洲的墨西哥和哥斯达黎加的紫茎泽兰，大约于20世纪40～50年代传入我国，现已广泛分布西南各省，严重威胁该地区的生物多样性，引起物种丧失加快，遗传资源流失严重，自然景观遭到破坏，生态系统功能部分或完全丧失，使该地区的生态环境恶化现象明显，给生态环境、经济建设、可持续发展等带来了较大影响。目前，紫茎泽兰已经威胁到人类的生存，在其所在之处，经常以满山遍野密集成片的单优植物群落出现，原产地植物被“排挤出局”，牛羊牧草均消失，牛羊食后或不孕或中毒身亡，仅四川省凉山州1996年一年就减产6万多头羊，畜牧业损失2 100多万元。研究发展控制紫茎泽兰的技术，已经成为关系到我国西部尤其是西南地区生态安全和农牧业发展的重要因素。

薇甘菊(*Mikania micrantha*)原产中美洲，现已广泛传播到亚洲热带地区，包括印度、马来西亚、泰国、印度尼西亚、尼泊尔、菲律宾，和巴布亚新几内亚、所罗门群岛、印度洋圣诞岛，以及太平洋上的一些岛屿如斐济、西萨摩尔、澳大利亚北昆士兰地区。作为外来杂草，薇甘菊1919年便在香港出现，1984年在深圳发现，现广泛分布于香港和珠江三角洲地区。薇甘菊是一种具有超强繁殖能力的喜欢攀缘的藤本植物，攀上灌木和乔木后，能迅速形成整株覆盖之势，使植物因光合作用受到破坏窒息而死。薇甘菊也可通过产生异株克生物质来抑制其他植物的生长，对6～8m以下天然次生林、人工速生林、经济林、风景林的几乎所有树种，尤其对一些郁密度小的次生林、风景林的危害最为严重，可造成成片树木枯萎死亡而形成灾害性后果。自20世纪90年代开始，该草从东南亚蔓延到香港及整个珠江三角洲地区。在460$hm^2$的内伶仃岛国家级自然保护区约80%遭受薇甘菊的危害，造成灾害性危害的面积已达80$hm^2$。在这个自然保护区里生活着600多只猕猴和穿山甲、蟒蛇等重点保护动物，这些猕猴依赖为生的香蕉、荔枝、龙眼、野生橘及一些灌木和乔木被薇甘菊大片覆盖，难以进行正常的光合作用，生存环境遭到了极大的破坏，危及到岛上的猕猴、红树林及鸟类生存。如果不采取紧急措施，不但猕猴等国家级重点保护动物面临灭绝的威胁，这个国家级保护区也面临被毁灭的危险。近两年，广东省深圳市和珠海市政府多次组织人工拔除，但收效甚微；目前正开展化学防治试验，薇甘菊天敌群落的调查工作也正在进行中。

大米草是20世纪60年代从美国引入福建的一种植物，当时认为它有保护海堤、做饲料和燃料的用途。但由于大米草的繁殖能力极强，很快遍布9 338$km^2$的海滩，致使鱼虾及贝类等水产品遭到毁灭性的打击，其中200多种生物濒于绝迹。

云南省为我国鱼类资源最丰富的省份，拥有432种土著鱼类，占全国淡水鱼总数的42.2%。自20世纪50年代起，大规模的鲢、鳙等长江鱼类的引种和繁养，导致云贵高原许多土著或特有鱼类的濒危。目前，云南省约有1/3的土著鱼类受威胁或濒危，其中湖泊鱼类的濒危种高达2/3。20世纪70年代，云南昆明滇池发现有30余种外来鱼类，在20年内使本地鱼类从25种下降到8种。水葫芦是我国数十年前从国外引进的一种植物，曾一度用来进化污水，但引入滇池后，由于水质污染导致水葫芦疯长，几乎遮盖了整个滇池，很多水生生物几乎绝迹。

# 3. 濒危物种等级划分

许多物种面临着灭绝的危险，但每个濒危物种遭遇的灭绝威胁程度和原因各不相同。在实施濒危物种保护工程时，就必须做到有的放矢，针对物种的濒危等级提出具体的保护措施，确定物种保护投入的资源量。

濒危物种保护是保护生物学的一个核心问题。怎样建立物种濒危等级的指标体系，是保护生物学家面临的一项艰巨任务。从20世纪60年代开始，人们就在努力研究制定物种濒危等级标准。其中比较成熟、在国内外濒危物种的濒危等级划分上应用较为广泛的是IUCN物种濒危等级。

## 3.1 IUCN及IUCN濒危物种红色名录

国际自然及自然资源保护联盟(International Union for Conservation of Nature and Resources, IUCN)，于1948年建立，是目前世界上最大的自然保护团体。1998年，在加拿大蒙特利尔召开的世界自然保护联盟大会上，该团体更名为The World Conservation Union(世界自然保护联盟)。目前有140个国家的980个政府和非政府团体在IUCN宪章上签字。自20世纪60年代开始，IUCN根据所收集的信息，并依据IUCN物种生存委员会的报告，编制全球范围的濒危物种红皮书。濒危物种红皮书根据物种受威胁程度，估计灭绝风险，将物种列为不同的濒危等级。IUCN发布濒危物种红皮书有3个目的：①不定期地推出濒危物种红皮书以唤起世界对野生物种生存现状的关注；②提供有关濒危物种信息，供各国政府和立法机构参考；③为全球科学家提供有关物种濒危现状和生物多样性的基础数据。

IUCN早期使用的濒危物种等级系统包括灭绝(Extinct)、濒危(Endangered)、易危(Vulnerable)、稀有(Rare)、未定(Indeterminate)和欠了解(Insufficiently Known)，但此标准存在很大的主观性。20世纪60年代和70年代，编写濒危物种红皮书的工作都是由一位作者完成，作者尚能掌握濒危标准。20世纪80年代以来，制定濒危物种红色名录的工作由多位作者完成，因此，迫切需要一套客观的濒危物种评价标准。1984年，IUCN物种生存委员会召开了题为“灭绝之路”的研讨会，分析了当时的濒危物种评价标准的不足之处，探讨了濒危物种评价标准的修订问题，但在研讨会上人们未能就如何修改当时的濒危物种标准达成一致意见。

## 3.2 Mace-Lande物种濒危等级标准

1991年，Macc和Lande第一次提出了根据一定时间内物种的灭绝概率来确定物种濒危等级的思想，并据此制定了一套物种濒危标准，称为“Macc-Lande物种濒危等级标准”。随后，人们在一些生物类群中尝试应用“Macc-Lande物种濒危等级标准”划分濒危等级。1994年11月，IUCN第40次理事会会议正式通过了经过修订的“Macc-Lande物种濒危等级标准”，作为新的物种濒危等级标准系统。1996年和2001年，IUCN濒危物种红色名录均应用了新的IUCN濒危物种等级划分标准。

Macc-Lande 物种濒危等级标准使用了以下等级：

①灭绝(Extinct，EX)　如果一个生物分类单元的最后一个个体已经死亡，列为灭绝。

②野生灭绝(Extinct in the World，EW)　如果一个生物分类单元的个体仅生活在人工栽培和人工圈养状态下，列为野生灭绝。

③极危(Critically Endangered，CR)　野外状态下一个生物分类单元灭绝概率很高时，列为极危。

④濒危(Endangered，EN)　一个生物分类单元虽未达到极危，但在可预见的不久的将来，其野生状态下灭绝的概率高，列为濒危。

⑤易危(Vulnerable，VU)　一个生物分类单元虽未达到极危或濒危的标准，但在未来一段时间中其在野生状态下灭绝的概率较高，列为易危。

⑥低危(Lower Risk，LR)　一个生物分类单元，经评估不符合列为极危、濒危或易危任一等级，列为低危。

“低危”又分为 3 个亚等级：

依赖保护(Conservation Dependent，cd)　该分类单元生存依赖于对该分类类群的保护，若停止这种保护，将导致该分类单元数量下降，该分类单元 5 年内将达到受威胁等级；

接近受危(Near Threatened，nt)　该分类单元未达到依赖保护，但其种群数量接近易危类群；

略需关注(Least Conservation，le)　该分类单元未达到依赖保护，但其种群数量接近受危类群。

⑦数据不足(Data Deficient，DD)　对于一个生物分类单元，若无足够的资料对其灭绝风险进行直接或间接的评估时，可列为数据不足。

⑧未评估(Not Evaluated，NE)　未应用有关 Macc-Lande 濒危物种标准评估的分类单元，列为未评估。Macc-Lande 物种濒危等级提出了濒危物种的种群下降速率、分布范围大小、预计种群下降速率以及灭绝概率等数量标准。

## 3.3　中国物种濒危等级标准

国内学者对 IUCN 物种濒危等级标准进行了推介。“中国植物红皮书”参考 IUCN 红皮书等级制定，采用“濒危”(Endangered)、“稀有”(Rare)和“渐危”(Vulnerable)3 个等级：

①濒危　物种在其分布的全部或显著范围内有随时灭绝的危险。这类植物通常生长稀疏，个体数和种群数低，且分布高度狭域。由于栖息地丧失或破坏、或过度开采等原因，其生存濒危。

②稀有　物种虽无灭绝的直接危险，但其分布范围很窄或很分散或属于不常见的单种属或寡种属。

③渐危　物种的生存受到人类活动和自然原因的威胁，这类物种由于毁林、栖息地退化及过度开采的原因，在不久的将来有可能被归入“濒危”等级。

《中国濒危动物红皮书》的物种等级划分参照了 1996 年版 IUCN 物种濒危红色名录，根据中国的国情，使用了野生绝迹(Ex)、国内绝迹(Et)、濒危(E)、易危(V)、稀有(R)

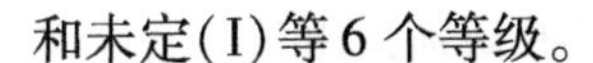

和未定(I)等6个等级。

①“濒危”指野生种群已经降低到濒临灭绝或绝迹的临界程度，且致危因素仍在继续。

②“易危”指野生种群已明显下降，如果不采取有效保护措施，势必成为“濒危”者，或因近似某“濒危”物种，必须予以保护以确保该“濒危”物种的生存。

③“稀有”指从分类定名以来，迄今总共只有为数有限的发现记录，其数量稀少的主要原因不是人为的因素。

④“未定”指情况不甚明了，但有迹象表明可能已经属于或疑为“濒危”或“易危”者。

人们一直期望建立一个客观的评价物种濒危等级的标准。物种濒危等级标准是目前应用较为广泛、影响较为深远的物种濒危标准。这个标准提出以后，经过了反复的讨论修改。《IUCN 濒危物种红皮书》和《IUCN 濒危物种红色名录》虽然不是国际法和国家法律，但是对于政府间组织、非政府组织的保护决策以及各国的自然法律法规制定产生了世界范围的影响，如 RAMSA 公约的濒危物种标准，即采用了 IUCN 物种濒危等级标准。同时，IUCN 物种濒危等级标准作为评价物种濒危程度的理论体系，在保护生物学理论研究中也产生了深远的影响。

## 3.4 濒危物种等级划分亟需解决的问题

虽然 IUCN 物种濒危等级标准在保护实践中获得积极评价，但在实际应用中仍然存在问题。如评定物种濒危等级时，如何区别对待那些本来就数量稀少、生境狭窄的物种和由于人类活动而导致其种群数量与生境面积急剧下降的物种？还有，一些物种在国内的分布区小、数量少，是因为国内是这些物种的边缘分布区，因此，如果按分布区和种群数量评价，这些物种将被定为受胁或濒危。但是，这些物种可能在国外有相当的分布区和种群数量。有些濒危物种是特有种，有些是广布种，在评定濒危等级时，怎样区别对待还是一个未解决的问题。另外，如果没有种群与栖息地的精确历史资料和统计数据，应用物种的濒危标准评估其濒危等级将非常困难。在评价物种的濒危等级时，人们遇到的一个较大困难是缺少物种的分布现状、数量和种群生物学知识，加上有关信息的不确定性，于是，很难确定物种的濒危等级。有时，我们不仅缺乏物种的历史分布和种群数量资料，还缺乏物种的分布现状和现生种群数量资料，完全靠专家的经验与印象评定物种的濒危等级。

## 3.5 常见濒危物种介绍

### (1)凹甲陆龟

俗名为麒麟陆龟，是热带及亚热带陆龟科马来陆龟属的爬行动物，成体体长可在 30cm 以上，背甲的前后缘呈强烈锯齿状，背甲中央凹陷，故得名。中国国家二级保护动物，(IUCN)2012 年濒危物种红色名录，中国濒危动物红皮书等级：濒危。

### (2)白颊长臂猿

主要特征为两颊长有两块明显的白色块斑，雄性体色为黑色，雌性则为黄褐色或金黄色；为中国、老挝、越南三国交界地区的特有种，主要栖息于热带雨林。白颊长臂猿数量

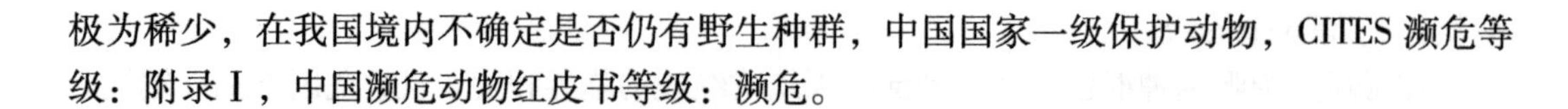

极为稀少，在我国境内不确定是否仍有野生种群，中国国家一级保护动物，CITES 濒危等级：附录Ⅰ，中国濒危动物红皮书等级：濒危。

(3)白眉长臂猿

灵长目长臂猿科白眉长臂猿属；雄性体毛为黑色，雌性体毛为灰褐色，胸部和颈部的颜色较深，以眉呈白色得名；为东洋界缅甸—中国亚区的特有种，中国以内仅分布于云南西部怒江以西的保山、腾冲，中国以外见于缅甸、孟加拉和印度东北部阿萨姆；栖息于海拔 2 000 - 2 500m 之间的中山湿性常绿阔叶林、南亚热带季风常绿阔叶林和落叶阔叶林，为单雄单雌配偶系。国家一级保护物种，中国濒危动物红皮书等级：濒危，IUCN：濒危，CITES：附录Ⅰ。

(4)灰叶猴

灵长目猴科叶猴属；分布于缅甸、泰国、越南和中国云南；较典型的东南亚热带和南亚热带的树栖叶猴；主要栖息于江河两岸和低山沟谷地带的热带雨林、季雨林和南亚热带季风常绿阔叶林。国家一级保护动物，(IUCN)2008 年濒危物种红色名录 ver 3.1：濒危。

(5)白尾梢虹雉

别名雪鹅，一种大型高山雉类，属鸡形目雉科虹雉属，体长 58 ~ 68cm，栖息于海拔 2 500 ~ 4 000m 的高山森林和林缘灌丛与草地，特别是亚高山针叶林、高山竹林灌丛、杜鹃灌丛地带较常见；以植物的叶、茎、幼芽和根为食，偶尔也吃昆虫；分布于中国云南西北部和西藏东南部，以及印度东北部和缅甸东北部。中国国家一级保护动物，CITES 濒危等级：附录Ⅰ，中国濒危动物红皮书等级：稀有。

(6)滇金丝猴

灵长目猴科仰鼻猴属，仅分布在喜马拉雅山南缘横断山系的云岭山脉当中，澜沧江和金沙江之间一个狭小地域，栖息于海拔 3 000m 以上的高山暗针叶林带，活动范围可从 2 500m 到 5 000m 的高山；主要食物是针叶树的嫩叶和越冬的花苞及叶芽苞，也食松萝(一种树挂地衣，Bryoria nepalensis)和桦树的嫩枝芽及幼叶，有的月份也吃箭竹的竹笋和嫩竹叶。中国特有种，中国一级保护物种，CITES 濒危等级：附录Ⅰ，IUCN 濒危等级：濒危，中国濒危动物红皮书等级：濒危。

(7)黑颈鹤

大型涉禽，体长 110 ~ 120cm，别称高原鹤、藏鹤、雁鹅，鹤形目鹤科鹤属；分布于中国西藏、青海、甘肃和四川北部一带，越冬于印度东北部，中国西藏南部、贵州、云南等地；是世界上唯一生长、繁殖在高原的鹤，主要栖息于海拔 2 500 ~ 5 000m 的高原、草甸、沼泽和芦苇沼泽，以及湖滨草甸沼泽和河谷沼泽地带。中国一级保护物种，CITES 濒危等级：附录Ⅰ，IUCN 濒危等级：易危，中国濒危动物红皮书等级：濒危。

(8)灰头鹦鹉

鹦形目鹦鹉科鸟类，栖息于山区稀疏阔叶林、沟谷林或果园，以野果、种子及谷物为

食；分布于四川、云南。国家二级保护物种。

**(9)孔雀雉**

雉科灰孔雀雉属鸟类；国内分布于云南和海南，国外分布于锡金、不丹、印度阿萨姆邦、缅甸、泰国、老挝、越南等地；栖息于海拔 150～1 500m 的常绿阔叶林、山地沟谷雨林和季雨林中，也出现在林缘次生林、稀疏灌丛草地和竹林中。国家一级保护物种，CITES 濒危等级：附录Ⅱ，中国濒危动物红皮书等级：稀有。

**(10)羚牛**

偶蹄目牛科羊亚科羚牛属，一种分布在喜马拉雅山东麓密林地区的大型牛科动物；产于中国西南、西北及不丹、印度、缅甸等地；栖息于 2 500m 以上的高山森林、草甸地带，冬季又迁移至 2 500m 以下针叶林中的多岩区。国家一级保护物种，ITES 濒危等级：附录Ⅱ，(IUCN)2008 年濒危物种红色名录 ver3. 1：易危。

**(11)绿孔雀**

鸡亚目雉科孔雀属，大型雉类，体长 180～230cm；分布于云南南部及南亚国家；主要栖息于海拔 2 000m 以下的热带、亚热带常绿阔叶林和混交林，尤其喜欢在疏林草地、河岸或地边丛林以及林间草地和林中空旷的开阔地带活动。国家一级保护动物，IUCN 濒危等级：濒危。

**(12)双角犀鸟**

佛法僧目犀鸟科角犀鸟属，大型鸟类，体长 119～128cm，翼展 146～160cm，重 2. 15～4kg；分布于中国、印度、缅甸、泰国、中南半岛、马来西亚和印度尼西亚；栖息于海拔 1 500m 以下的低山和山脚平原常绿阔叶林，尤其喜欢靠近湍急溪流的林中沟谷地带。(IUCN)2012 年濒危物种红色名录 ver 3. 1：近危。

**(13)鼷鹿**

偶蹄目反刍亚目鼷鹿科鼷鹿属；别名小鼷鹿，体形略比野兔大，体重 1. 3～2. 0kg，体长 420～630mm，是仅次于蹄兔目的最小的有蹄类动物；分布于中南半岛和印度尼西亚的爪哇、苏门答腊等岛屿，中国分布于云南南部勐腊县；林栖夜行性动物，栖息于低海拔地区的热带山地丘陵茂密的森林灌丛和草丛；国家一级保护动物。

**(16)亚洲象**

长鼻目象科象属；亚洲现存最大的陆生动物，体长 5～6m，身高 2. 1～3. 6m，体重达 3～5 t；分布范围为东南亚和南亚等热带地区的印度、尼泊尔、斯里兰卡、缅甸、泰国、越南、印度尼西亚和马来西亚等 13 个国家，中国境内仅分布于云南西双版纳、思茅和临沧地区；栖息于亚洲南部热带雨林、季雨林、林间的沟谷、山坡、稀树草原、竹林及宽阔地带；常在海拔 1 000m 以下的沟谷、河边、竹林、阔叶混交林活动。国家一级保护动物，CITES 濒危等级：附录Ⅰ，IUCN 濒危等级：濒危。

# 专题三　保护生物多样性

## 活动七：调查湖滨湿地生物多样性保护活动

【活动目标】

湖滨湿地作为陆地与湖泊水体之间的生态交错带，是湖泊生态系统中重要的组成部分。湖滨湿地既是湖泊生物多样性最丰富的场所，也是湖泊自净作用有效的区域，同时也是控制污染入湖的最后一道屏障。通过湖滨湿地生物多样性保护活动的调查，认识生物多样性保护的途径，能进行简单的生物多样性保护方案设计。

【活动方式】

实地调查，保护方案设计。

【活动内容】

1. 活动以小组为单位开展滇池湿地生物多样性保护活动调查，以物种多样性和栖息地作为观测点，调查开展的保护活动的内容，过去和现在湿地内物种总数、物种密度、特有种比例，反映湖滨湿地生物多样性变化的情况、存在问题等。2. 以小组为单位自选当地面临威胁的保护物种设计保护方案。

【活动记录】

1. 保护活动：____________________

____________________

2. 变化情况：____________________

____________________

3. 存在问题：____________________

____________________

4. ××物种保护方案：____________________

____________________

【活动启示】

____________________

____________________

____________________

【活动评估】

对活动小组调查结果及方案设计等方面进行自我和教师评价。

____________________

____________________

____________________

【背景知识】

# 1. 生物多样性热点地区与关键区域

英国生态学家诺曼·麦尔在1988年提出了生物多样性热点地区的概念，他认识到这些热点生态系统在很小的地域面积内包含了极其丰富的物种多样性。这个概念后来被麦尔和保护国际(Conservation International)在2000年又进一步发展和定义。生物多样性的热点地区(Hotspot area)是指特有物种丰富且受威胁程度高的区域。现在评估热点地区主要有两个方面的标准：较高的特有物种数量和所受威胁的严重程度。CI在全球确定了34个物种最丰富且受威胁最大的生物多样性热点地区，其中生长的很多动植物都是这些地区所特有的，这些地区虽然只占地球陆地面积的3.4%，但是包含了超过60%的陆生物种。

## 1.1 世界生物多样性热点地区

“保护国际”组织近期发布了2011年最新报告，全球受到威胁最大的森林生物多样性热点地区排名前10位的分别是：印度—缅甸地区、新喀里多尼亚群岛、桑达兰地区、菲律宾、大西洋森林、中国西南山区、加利福尼亚州植物区、非洲东部海岸森林、马达加斯加岛和印度洋岛屿以及东阿弗罗蒙塔尼地区。

### (1)马达加斯加岛和印度洋岛屿

小嘴狐猴是马达加斯加岛和印度洋岛屿上分别进化出的特有物种群的成员之一。在马达加斯加岛，大约生活着50多种狐猴。但是，贫困和人口的快速增长对当地环境造成了极大的威胁。

### (2)东阿弗罗蒙塔尼地区

纳特隆湖是东阿弗罗蒙塔尼热点地区的一部分。东阿弗罗蒙塔尼地区沿着非洲东部边缘延伸，从北方的沙特阿拉伯一直到南方的津巴布韦。地质运动不仅造成了该地区的多山地形，还形成了世界上最特别的湖泊，其中生活着至少617种本土鱼类。“保护国际”组织指出，对该地区构成的最大威胁包括农业种植、不断增长的丛林肉市场等。

### (3)中国西南山区

该地区的大熊猫等物种数量正日益萎缩。“保护国际”组织最新报告指出，在中国西南山区，由于过度放牧、非法捕猎等原因，目前大约只有8%的森林仍然保持原始状态。

### (4)桑达兰地区

桑达兰地区是东南亚的一个生物地理区，包括亚洲大陆上的马来半岛和婆罗洲、爪哇岛、苏门答腊岛以及周边的岛屿，共17 000个左右。在婆罗洲，猩猩正在马来西亚沙巴州塞皮洛克避难所休憩。

“保护国际”组织最新报告指出，如今桑达兰地区的原始森林只剩下大约7%，大部分森林已被人类转变为种植园，用于生产橡胶等产品。此外，农业生产和黑市野生动物交易已造成该地区一些特有植物和动物物种数量不断下降。

### (5)菲律宾

在菲律宾阿波山国家公园，一只被激怒的菲律宾鹰竖起了头顶的羽毛。菲律宾鹰是世界上第二大鹰，也是菲律宾森林热点地区数种本土物种之一。“保护国际”组织最新报告指出，由于当地大约有 8 000 万人口依赖于天然资源，森林采伐和农业用地不断扩展，因此这一热点地区成为生物多样性最受威胁的地区之一。

### (6)大西洋森林

波科达斯—安达斯自然保护区是大西洋森林生物多样性热点地区的一部分，大西洋森林热点地区包括巴拉圭、阿根廷和乌拉圭等地区。由于受到甘蔗和咖啡种植业的影响，现在该地区的森林只剩下不到 10%，这些仅存的森林是数十种珍稀动物的快乐家园。据介绍，大约有 1 亿人口和许多工业依赖于大西洋森林地区的淡水。

### (7)印度—缅甸地区

根据“保护国际”组织最新报告中的排名，印度—缅甸地区成为世界上受威胁最大的森林生物多样性热点地区之一。最新报告指出，该地区的每个港口都至少拥有 1 500 种本土植物物种，但这些物种的原始生长环境已失去了 90% 以上。

据“保护国际”组织介绍，全球森林覆盖率虽然仅为 30% 左右，但这些森林却是地球上 80% 陆地动物和植物的家园。“保护国际”组织国际政策总监奥利弗·朗格兰德认为，除了具备生物多样性外，森林还是人类生活必不可少的物质源泉，可以向人类提供木材、食物、保护、淡水等帮助。朗格兰德在一份声明中表示：“为了给牧业、农业、采矿业和城市发展让路，森林正在以惊人的速度被破坏。”

### (8)新喀里多尼亚群岛

新喀里多尼亚群岛的面积相当于新泽西州的大小，这些岛屿组成了世界上最小的森林生物多样性热点地区之一。新喀里多尼亚群岛位于南太平洋，距离澳大利亚东海岸大约 1 200km。该岛生长着五大本土植物种属，其中包括世界上唯一的寄生针叶树。镍矿开采业、森林砍伐和入侵物种是当地森林动物面临的三大威胁。

### (9)加利福尼亚州植物区

地中海式气候让这里成为巨型美洲杉和珍稀加利福尼亚州秃鹰最理想的家园。“保护国际”组织指出，商业农场破坏了加利福尼亚州大片的原野，威胁还来自城市扩张、污染、道路修建工程等。

### (10)非洲东部海岸森林

坦桑尼亚桑给巴尔岛是非洲东部海岸森林热点地区的一部分。据“保护国际”组织介绍，目前只有不足 1 500 只红疣猴生存于仅存的一片片小森林中。贫瘠的土壤和农业开垦等原因导致森林面积大幅下滑。

## 1.2 中国生物多样性保护关键区域及保护重点

陈灵芝在1993年给出生物多样性关键地区的概念：生物多样性关键地区（Critical area）是指地植被类型保存较好，生物种类丰富且特有种较多的地区。具体地讲，生物多样性地区，不但生物种类多数量也多，与之相应的种的遗传基因也多，其特征种和濒危动植物也较多，具有科学上（单型种、寡型种、特有种、孑遗种、残存种）和经济上的重大价值。一般来说，作为一个生物多样性关键地区，至少应具备以下条件中的1个：具有世界意义的物种丰富的区域；物种种类丰富且特有种多的区域；遗传资源丰富或濒危物种集中的区域。为了达到生物多样性就地保护的目的，必须根据上述条件在不同区域中确定关键地区，划出适当的地段建立保护区，进行有效管理。选择的标准可从以下几个方面考虑：所在地是否包括不同的生境类型，生态系统是否多种多样，保护是否完整；所在地是否已经遭到破坏，破坏的程度是否已经影响到原有物种和生态系统的恢复；所在地是否具有丰富的经济物种，如丰富的遗传资源和有潜在价值的种类。

目前，中国已划分14个具有国际意义的陆地生物多样性关键地区，分别是：吉林长白山地区、河北北部山地地区、陕西秦岭太白山地区、四川西部高山峡谷地区、云南西部高山峡谷地区、湖南贵州四川湖北交界的山地地区、西藏东南部山地地区、云南西双版纳、广西西南石灰地区、浙江福建山地地区、海南岛中南部、青海可可西里地区、广东广西湖南江西交界的南岭地区和台湾中央山脉地区。

### 1.2.1 吉林长白山地区

该区域位于中国东北部（40°40′～44°30′W，125°20′～131°21′E），海拔300～1 000m，也有海拔1 200～1 300m的山峰，最高峰为白云峰，海拔为2 691m，其中著名的火山湖泊天池的出水口为松花江源头。地质主要由花岗岩、玄武岩和一些变质岩构成。

该区域森林植被保存完好，覆盖率60%以上，植被类型多样，垂直分布明显。海拔500m以下的丘陵低山和河谷两侧主要为落叶阔叶林，种类组成较多；山坡中上部较干燥，主要为蒙古栎林，混杂少量其他落叶阔叶树。海拔500～1 000m的丘陵山地为红松和阔叶阔叶混交林的分布范围；海拔1 100～1 800m范围主要为亚高山针叶林，多由本地特有的云杉和冷杉组成；海拔1 800～2 100m出现由岳杉组成的亚高山矮曲林带；海拔2 100m以上出现中国唯一的高山冻原，其外貌与极地非常相似。除上述垂直带植被外，在一些平坦低洼地区还分布有大片草甸和沼泽。

本区有2 000余种高等植物。从植物区系上看，本区与毗邻的俄罗斯远东和滨海地区以及朝鲜半岛北部同属于一个植物区系省，即“长白植物区系省”。本区正处于这个区系省中心部分，特有种较多，人参和红松是最有代表性的种类，还有不少第三纪孑遗种和典型的南方种类。同时，还有一些南鄂霍次克植物区系成分与极地植物区系成分，主要见于海拔1 100m以上地带。动物种类也很丰富，有兽类近70种、鸟类近300种、爬行类15种，两栖类10种，著名保护动物有东北虎、金钱豹、梅花鹿、棕熊、黑熊、水獭、紫貂、猞猁、马鹿、原日麝、斑羚、白鹳、黑鹳、白扇雕、丹顶鹤、苍鹰和秃鹰等。从资源角度看，本区物种在食用、药用、工农业原料、饲养及观赏等方面均具有较大的经济效益和社会效益。但由于长期过度采伐、放牧和狩猎，该区生态系统和生物多样性遭到严重破坏，不少物种已陷入濒危甚至灭绝的境地。

## 1.2.2 冀北山地地区

本区位于河北省北部和西部的丘陵山地，向东延伸至辽宁西部丘陵，包括太行山脉、燕山山脉，在河北境内的部分以及北端小五台山、北京的百花山、东灵山和雾灵山等。地形在东北及东部大致是北高南低，在西部一般是北高东南低，在西南部为西高东低。小五台山为境内最高山地，海拔2 882m，其他山岭多在2 000m以下。植物区系以东亚植物区系的华北成分为主，但在高山地区有较多的欧洲—西伯利亚成分，在山间盆地部分由于气候、土壤和人为因素影响，有较多的草原成分出现。高等植物有1 000多种。地带性植被类型为落叶阔叶林，辽东栎、蒙古栎和槲栎占重要地位；山谷湿润区以色木、元宝槭、茶条槭、蒙槭、糠槭、黄榆等较多，槭分布上线可达1 600m。海拔1 600～2 100m出现亚高山针叶林，以青杆、白杆、华北落叶松、雾灵落叶松为主，遭受破坏后即有山杨(*Populus davidiana*)、白桦(*Betula platyphylla*)林的分布。由于长期的开发，森林已残存无几，仅在东灵山和雾陵山还有小片的分布，通过封山育林仍有恢复的可能。动物种类和上一区域类似，但许多物种已经绝迹或极为稀少，亟需加强保护。狍是最能适应次生林和灌丛的一种有蹄类动物，刺猬在田野环境中普遍栖息。与长白山区不同的是，本区有一些南方动物种类的分布，如岩松鼠、隐纹花松鼠等。残留的猕猴是分布最北的种群，褐马鸡在太行山也有分布。鉴于本区为东亚暖温带的典型区域，特别是有小片森林的存在，因此有加强保护、促进恢复和发展的必要。

## 1.2.3 陕西秦岭太白山地区

秦岭是中国中部一条横贯东西的巨型山脉，是南方和北方自然地理条件的天然分界线。太白山地区属秦岭的东段，西端与青藏高原相邻，约占北纬33°40′～34°10′，东经107°19′～107°58′，东西长61km，南北宽39km，总面积2 739km$^2$。太白山是秦岭的主峰，海拔3 676m，是渭河水系和汉江水系分水岭的最高地段，在水平方向上可看出从暖温带向北亚热带的过渡，在垂直方向上有明显的植被垂直分布。从北坡的渭河谷地和南坡的汉江谷地到太白山顶峰都有平原、丘陵、低山、中山和高山等一系列地貌类型，界线分明。秦岭海拔500～3 676m，主要由花岗岩、片麻岩、片岩和千枚岩等组成。北坡从海拔800～1 300m范围的石质山地有大片黄土覆盖，一直到海拔1 800m仍有零星小片的出现。高山地区第四纪冰川活动所雕琢的各种地貌形态至今仍保持完整，清晰可辨。

太白山地区的气候南北坡迥然不同，随着海拔升高变化也大，北坡的地带性植被类型为落叶阔叶林，可分布在海拔2 300m的高度，但种类组成有明显差异。一般海拔1 500m以下的主要建群种为栓皮栎(*Quercus variabilis*)，间有少量麻栎(*Quercus acutissima*)、槲树(*Quercus dentata*)、槲栎(*Quercus aliena*)和锐齿槲栎(*Quercus aliena* var. *acutiserrata*)等，山谷湿润处出现有小片由不同种类组成的典型落叶阔叶林。海拔 1 500 ~ 1 800m 范围即以锐齿槲栎林为主，山谷湿润处的林分由另外一些落叶阔叶树种所组成。海拔 1 800 ~ 2 300m为辽东栎(*Quercus liaotungensis*)林所占，混杂不少华山松(*Pinus armandii*)。海拔 2 300 ~ 2 600m 有一狭窄带状的针阔混交林出现，主要种类为巴山冷杉(*Abies fargesii*)、红桦(*Betula albo-sinensis*)和牛皮桦(*Betula albo-sinensis* var. *septentrionalis*)。海拔2 600 ~ 3 350m 为亚高山针叶林分布的范围，下部为巴山冷杉林，上部为太白红杉(*Larix chinensis*)林。海拔 3 350m 以上已无森林的分布，主要为高山灌丛和草甸，密枝杜鹃(*Rhododendron fastigiatum*)、怀腺柳(*Salix cupularis*)、禾叶嵩草(*Kobresia graminifolia*)、圆穗蓼(*Polygonums phaerostachyum*)、发草(*Deschampsis caespitosa*)占有重要地位。南坡在海拔 1 500m 以上植被分带与北坡基本一致，只是相同植被带的上界稍有上移。海拔 1 500m 以下的地带性植被为落叶常绿阔叶混交林，与北坡的情况明显不同。该区域正好位于东亚植物区系区中国—日本和中国—喜马拉雅两大植物区系省的分界线上，北坡以华北植物区系成分为主，南坡由华北—中植物区系共占优势，高山地带显示出唐古拉植物区系特色。无论哪个范围，都掺杂有喜马拉雅植物区系成分，明显反映出是上述不同植物区系成分的交汇地。目前已知高等植物有近 2 000 种，特有种 150 多种。

该区动物资源丰富，昆虫种类目前仅定名 500 多种，其垂直分布也明显与植被密切相关。区系成分的分析结果也显示出古北界和东洋界两大动物区系成分的过渡和交汇之地。大熊猫和金丝猴也常在南坡的一些地方活动。从资源的角度来看，这里历来是材用、药用和食用物种的开发基地。杨树遗传资源有很大的潜在价值。最大的威胁是采伐森林，过量的采药和狩猎。近年来游人不断增加，也是一个严重的威胁因素。

### 1.2.4 川西高山峡谷地区

该区位于邛崃山脉的东坡，北纬 30°40′ ~ 31°30′，东经 102°30′ ~ 103 °30′，东西横贯超过 60km，西北跨越超过 60km，总面积 4 000$km^2$ 以上。生物多样性最丰富的区域为岷江上游，较著名的是以保护大熊猫为首要任务的卧龙保护区及周围山地。该区域正处在四川盆地向青藏高原过渡的高山峡谷地带，地势由西北向东南急剧下降。东边最低的地方为木江坪，海拔 1 200m，西北边缘的四姑娘山最高海拔 6 250m，为四川省第二高峰。两地的水平距离仅 50km 左右，但海拔高度相差 5 000m。保护区外围东南边缘河谷海拔超过 600m，山体主要由千枚岩、石英岩、花岗岩、石灰岩及含碳酸盐的片岩和板岩组成。由于强烈的构造运动和外力的切割，形成了众多的 V 字形山谷和梳齿状峰林状地貌，溪流很多。本区属于青藏高原气候区，由于北、西、南三面环山，形成半封闭地形。冬季阻挡了南下的寒流，夏季的东南季风从东部进入而停留，带来了丰富的雨水。

该区植被垂直分布非常明显。海拔 1 600m 以下主要为常绿阔叶林所占，但种类组成差异较大。海拔 1 000m 以下以栲树(*Castanopsis fargesii*)、瓦山栲(*Castanopsis ceratacantha*)、箭杆石栎(*Lithocarpus viridis*)、粗穗石栎(*Lithocarpus spicata*)等为主，还有许多樟科植物分布。海拔 1 000 ~ 1 600m 以青岗栎(*Cyclobalanopsis glauca*)、蛮青岗(*Cyclobalanopsis oxyodon*)和包石栎(*Lithocarpus cleistocarpus*)为主。海拔 1 600 ~ 2 200m 范围的山地中，落叶阔叶树的种类和数量逐渐增加，形成特殊的山地常绿—落叶阔叶混交林，此海拔的落叶阔叶树有许多特有种类，如天师栗(*Aesculus wilsonii*)、珙桐(*Davidia involucrata*)、水青树(*Tetracentron sinense*)和连香树(*Cercidiphyllum japonicumvar*)等。海拔2 000～2 600m山地为针叶树种，如铁杉(*Tsuga chinensis*)、云南铁杉(*Tsuga dumosa*)和油麦吊杉(*Picea brachytyla* var. *complanata*)等成片生长，混生一些耐寒的落叶阔叶树，如红糙桦(*Betula utilisvar*)多种槭树(*Acer* spp.)等，构成独特的山地针阔叶混交林。海拔2 600～3 600m山地，年平均气温骤然下降到3～6℃，形成亚高山针叶林带。阴坡亚高山针叶林占据绝对优势地位，岷江冷杉(*Abies faxoniana*)林面积最大。阳坡有大片古地中海残遗的硬叶常绿阔叶林的分布，主要建群种为川滇高山栎(*Quercus aquiloliodes*)。海拔3 600～4 600m范围主要为高山灌丛和草甸，主要种类是紫丁杜鹃(*Rhododendron violaceum*)和矮生蒿草(*Kobresia humifis*)。海拔4 600～5 200m范围内，最热月7月的平均气温都在－3℃以下，呈现高山冰缘稀疏植被外貌。海拔5 200m以上的高山为冰雪带，发育为现代冰川，在西南部局部地方有干旱河谷灌丛的分布。

本区受第四纪冰川影响较小，形成了动植物的避难所，又由于高山深谷，谷向南北，因此是物种交换的走廊。据不完全统计，本区有4 000多种高等植物，是东亚湿润亚热带植物区系密集分布的区域。中国亚热带特有成分很多，中国—日本和中国—喜马拉雅成分也不少，还有一些地中海分布的成分。河谷和高山分别出现一些热带和北温带的种类。该区是大熊猫最理想的栖息地，数量约占全国总数的10％。已知兽类有96种，鸟类近300种，两栖类15种，昆虫1 700多种，还有许多未鉴定的标本。区系组成复杂，既有猕猴、云豹、水鹿、灵猫、果子狸等喜温湿的动物，也有白唇鹿、牛羚、猞猁、岩羊、藏雪鸡等耐寒的高原和北方动物。本区是中国第二大林区的一部分，动植物资源都十分丰富。过分的采伐、采药和狩猎已威胁到整个林区的安全。

### 1.2.5 滇西高山峡谷地区

本区域位于云南西部怒江两岸山地，包括泸水、福贡、碧江、腾冲4个县的范围。南北延伸280km，东西宽30～50km，约占北纬24°56′～28°24′，东经98°34′～99°2′，总面积近10 000km$^2$。本区处于滇西北横断山脉峡谷最西部分，西有高黎贡山，东有碧罗雪山，怒江峡谷镶嵌其间。这两列山地的顶部海拔一般为3 500m左右，一些突出的山峰海拔为4 000～4 500m，最高峰海拔为5 128m。从高黎贡山山脊到怒山山脊之间的直线距离仅25～40km，地势起伏十分剧烈。山体主要由花岗岩、片岩、片麻岩、板岩和千枚岩等变质岩系组成。气候属于印度洋西南季风区，主要受来自印度洋的西南季风暖湿气团控制。夏天和秋天降雨量大，雨天多，气候温暖湿润。冬天和春天受来自热带大陆的西风急流南支的干燥气团控制，降雨少，蒸发强烈，气候温暖干燥，形成了年温差较小、四季不明显、干湿季分明的特点，与东部同纬度地区明显不同。从南到北随着纬度增加，地形抬高，温度逐渐降低。东坡背风面温度较西坡高，河谷地带产生焚风现象，气候干热。

常绿阔叶林是本区域的地带性植被，主要见于海拔1 100～2 800m的广阔范围，种类因地而异。海拔1 800m以下以思茅栲(*Castanopsis ferox*)、腾冲栲(*Castanopsis wattii*)、刺栲(*Castanopsis hystrix*)和元江栲(*Castanopsis orthacantha*)为多，也混杂有多种石栎(*Lithocarpus* spp.)海拔1 800～2 800m范围以滇青冈(*Cyclibalanopsis glaucoides*)、高山栲(*Castan-*

*opsis delavayi*)、曼青冈(*Cyclobalanopsis oxyodon*)和薄片青冈(*Cyclobalanopsis lamellosa*)等为多，另一些耐寒的石栎混生其中。局部地方有小片秃杉(*Taiwania flousiana*)林、乔松(*Pinus grifihii*)林和大片云南松(*Pinus yunnanensis*)林的分布。海拔2 800～3 800m山地出现亚高山针叶林。虽然其中也混杂分布一些落叶阔叶树，但未见有针阔混交林带的出现，或许这与大气湿度不够有关，这与横断山北段川西高山峡谷的情况迥然不同。一般下部湿润处多为云南铁杉(*Tsuga dumosa*)林，干燥处为垂枝香柏(*Sabina perii*)林。上部以长苞冷杉(*Abies georgei*)林、苍山冷杉(*Abies delavayi*)林为主，局部地方有怒江冷杉(*Abies nukiangensis*)林、中甸冷杉(*Abies ferreana*)林和怒江落叶松(*Larix speciosa*)林的分布。海拔3 800～4 500m山地为高山灌丛和草甸，前者多见于山坡上，建群种为多种多样的杜鹃，如桃花杜鹃(*Rhododendron neriiflorum*)、宽钟杜鹃(*Rhododendron beesianum*)等，后者多见于地势平缓、水分充足的地方。海拔1 100m以下为局部干热河谷地带，有小片稀树草原分布。

本区是古北极和古热带植物成分过渡交汇之地，种类丰富。据不完全统计，有2 000多种高等植物，以古北极东亚植物区系区的中国—喜马拉雅成分为多，而且是其发源地，它与东部同纬度地区的中国—日本成分有一系列属种的替代现象。本区也有不少中国亚热带特有种，许多还是群落中的建群种和优势种。本区还是中国植物模式标本最集中的产地之一。动物在区系上属于印缅区系和中南区系的交替带，兽类有100种以上，鸟类近300种，被誉为“哺乳动物祖先分化的发源地”“世界雉鹊类的乐园”“南北动物的走廊”和“第四纪冰川活动时期原生动物的避难所”，如羚牛、滇金丝猴、赤斑羚、斑羚、小熊猫、戴帽叶猴、黑麝、宽额牛、白眉长臂猿和野牛等都是特别珍贵的。值得指出的是，本区具有引种栽培价值的珍贵速生材用树种，药用植物很多。名贵花卉植物如杜鹃花、兰花和山茶花等闻名世界。野生动物资源利用的潜力很大。本区已建有高黎贡山和怒江两个保护区，森林保存完好，有效管理是今后努力的目标。

### 1.2.6 湘黔川鄂边界山地地区

本区域著名的山系有武陵山、梵净山、雪峰山、巫山和齐岳山等，大多为东北—西南走向的山地。北纬27°30′～31°30′，东经107°10′～110°30′。海拔为500～1 000m，较高的山峰在1 000～1 500m之间，最高峰可达2 000m以上。本区主要由变质砂页岩、板岩、千枚岩等组成，局部地方也有石灰岩的分布。气候为贵州高原和江南丘陵的过渡类型。虽然大面积丘陵地区天然森林已被砍伐，但某些山地仍保存有一定面积的原生性森林。一般海拔1 000m以下山地地带性植被类型为常绿阔叶林，主要建群种有栲树(*Castanopsis fargesii*)、甜槠(*Castanopsis eyrei*)、米槠(*Castanopsis carlesii*)、钩栗(*Castanopsis tibetana*)和小叶青冈(*Cyclobalanopsis myrsinaefoiia*)等，混生的樟科植物也不少。海拔1 000～1900m的山地落叶阔叶树不断增加，形成独特的山地常绿落叶阔叶混交林。多脉青冈(*Cyclobalanopsis multinervis*)、曼青冈(*Cyclobalanopsis oxyodon*)、峨眉栲(*Castanopsis platycantha*)、亮叶水青冈(*Fagus lucida*)、长柄水青冈(*Fagus longipetiolata*)和檫木(*Sassafras tzumu*)是最有代表性的种类。由于海拔高度不够，没有形成明显的山地针阔混交林和亚高山针叶林带，但局部地方有小片的铁杉(*Tsuga chinensis*)阔叶树混交林和冷杉林的出现，如梵净山冷杉

(*Abies fanjingshanensis*)林等。石灰岩地区有小片常绿落叶阔叶林的分布，主要建群种为青冈栎(*Cyclobalanopsis glauca*)、青檀(*Pteroceltis tatarinowii*)、光叶榉(*Zelkova serrata*)和黄连木(*Pistacia chinensis*)等。

本区是东亚亚热带植物区系华中区系成分分布的核心地段，据不完全统计，有高等植物2 500种以上，特有种类很多。由于受第四纪冰川的影响不大，古老的残遗种不少，水杉就残存在这个区域，银杉也有分布。本区动物种类也有很多，已知兽类70多种、鸟类170多种、两栖类30多种、爬行类40多种，区系组成复杂，充分显示出处于东洋界与古北界的过渡地带。黔金丝猴和华南虎是该区的代表物种。

### 1.2.7 广粤桂湘赣南岭山地地区

南岭山地是长江流域和珠江流域的分水岭，绵延断续的越城、都庞、萌诸、骑田、大庚五岭山脉由东北向西南横断广东、江西、湖南、广西接壤地带，是一个比较完整的自然地理单元。大致位于北纬24°~27°，东经110°~115°，总面积有137 000km$^2$，生物多样性集中分布的区域有30 000km$^2$。所在地多为丘陵山地，海拔分别在200~500m和500~1 500m之间。不少山峰可达1 800~2 000m。最高峰越城岭的海报为2 141.5m。大多由花岗岩、变质岩和砂页岩组成，局部地方有较大面积的石灰岩山地出现。气候主要受太平洋季风控制，属于东亚独特的湿润亚热带气候特色。南岭山地在气候上成为华南阻挡北来寒潮的重要屏障，南北气温差异较大，为华中与华南的过渡地带。地带性植被为常绿阔叶林，主要见于海拔1 300m以下。不同海拔范围的树种组成明显不同。海拔500m以下以刺栲(*Castanopsis hystrix*)、毛栲(*Castanopsis fordii*)、闽粤栲(*Castanopsis fissa*)、阿丁枫(*Altingia chinensis*)和黄果厚壳桂(*Sryptocarys concinna*)居多，还混生有不少热带性树种。海拔500~700m以栲树(*Castanopsis fargesii*)、荷木(*Schima superb*)、甜槠(*Castanopsis eytrei*)、罗浮栲(*Castanopsis fabri*)和银荷木(*Schima argentea*)占优势。海拔1 300~1 800m气温明显降低，落叶阔叶树增多，构成独特的山地常绿落叶阔叶混交林。占优势的常绿阔叶树为铁椎栲(*Castanopsis lamontii*)、甜槠变种(*Castanopsis eyreivar*)、多脉青冈(*Cyclobalanopsis multinervis*)、亮叶栎(*Cyclobalanopsis nubium*)和包石栎(*Lithocarpus cleistocarpus*)等。落叶阔叶树以亮叶水青冈(*Fagus lucida*)、长柄水青冈(*Fagus longipetiolata*)、缺萼枫香(*Liquidambar acalycina*)、华南桦(*Betula austrosinensis*)、裂叶白辛树(*Pterostyrax leveillei*)和华槭(*Acer sinense*)居多。由于海拔高度不够高，没有针阔混交林和亚高山针叶林带的出现，但局部地方有小片针阔混交林和亚高山针叶林的分布。主要针叶树种有铁杉(*Tsuga chinensis*)、长苞铁杉(*Tsuga longibracteata*)、华南铁杉(*Tsuga cuniformis*)和资源冷杉(*Abies ziyuanensis*)，阔叶树有黔稠(*Cyclobalanopsis stewardiana*)、亮叶水青冈和华南桦等。

石灰岩山地大多在海拔1 000m以下，由其独特的常绿落叶阔叶混交林所占。常绿阔叶树以青冈栎(*Cyclobalanopsis glauca*)、石山樟(*Cinnamomum calcarea*)为多，落叶阔叶树以青檀(*Pteroceltis tatarinowii*)、朴树(*Celtis sinensis*)、榔榆(*Ulmus parvifolius*)和化香(*Platycarya strobilacea*)为主。

南岭山地地处东部中亚热带南缘，植物种类丰富。据不完全统计，高等植物达到3 000多种，主要为东亚湿润亚热带的区系成分。大量的种为中国亚热带所特有，属于华中—华东和华南植物区系交汇之地，但更多地属于华中植物区系州的范围。处于西部中亚热带范围的滇西高原有许多替代的种属，中国—日本式的区系成分也不少。北纬26°以南海拔较低的谷地，也有不少热带成分的渗入。北温带的成分在海拔较高的山地也有一定的比重。本区遭受历史冰川的破坏不大，一直处于比较稳定的温暖湿润气候条件下，因而得以保存着第三纪就已基本形成的植被类型和大批比较古老的种属资源，如银杉(*Cathaya argyrophylla*)、穗花杉(*Amentotaxus argotaenia*)、福建柏(*Forkenia hidginsii*)、篦子三尖杉(*Cephalotaxus oliveri*)、鹅掌楸(*Liriodendron chinese*)等都是古老的孑遗植物。本区可以说是古老孑遗种的中心发源地之一。

本区的动物调查研究还不够充分，但已知兽类有近100种，鸟类近200种，两栖类30多种，爬行类20多种，昆虫1 500多种。动物区系以东洋界亚热带的成分为主。本区生物资源在经济建设和人们生活方面占有重要地位，食用、药用和工农业原料都占有很大的比重，有利于野生植物的引种栽培和野生动物的驯养。

## 1.2.8 浙闽山地地区

本区域位于北纬27°~30°，东经116°30′~122°31′，包括浙江的大部闽北和赣东的一角。区内有一系列与海岸大致平行的山地，南支由浙闽边境的洞岩山脉延伸到雁荡山和括苍山，另一支则从闽赣交界处武夷山延伸至浙江的仙霞岭和天台山。地形从西南向东北地势逐渐降低，西南部山地海拔1 000m左右，常见超出1 800m的山峰，如龙泉拔云尖海拔2 000m，百山祖1 908m，黄茅1 972m，武夷山2 158m。东北部丘陵海拔500m左右，气候深受其复杂的地形和距海远近的影响，各地变化很大。地带性植被类型为常绿阔叶林，主要见于海拔1 200m以下，建群种多为甜槠(*Castano psiseyrei*)、米槠(*Castanopsis carlesii*)、青冈栎(*Cyclobalanopsis glauca*)和红润楠(*Machilus thunbergii*)等。海拔1 200m以上山地出现常绿落叶阔叶混交林，主要成分有多脉青冈(*Cyclobalanopsis multinervis*)、光叶石栎(*Lithocarpus hancei*)、亮叶水青冈(*Fagus lucida*)、长柄水青冈(*Fagus longipetiolata*)等。由于山地海拔高度不够，没有针—阔混交林和亚高山针叶林带的出现，但局部地方也有小片铁杉(*Tsuga chinensis*)和长苞铁杉(*Tsuga longibracteata*)与阔叶树混交的林分。浙江百花山祖海拔1 800m左右，该地区数量极少的几株百山祖冷杉(*Abies beshanzuensis*)是受到威胁最严重的濒危种。

本区是目前华东地区森林保存较好、面积最大的区域。高等植物超过2 000种，是华东植物区系成分集中分布的地区。中国亚热带特有种占有很大的比重，中国—日本式的成分也不少，南部也有少量热带成分的渗入。动物的数量不多，但种类不少，已知兽类有50种左右，鸟类100多种，两栖类30多种，爬行类40多种，昆虫1 500种以上，有许多种类尚难鉴定。本区的生物资源虽然丰富，但过分的开发已呈现普遍的资源枯竭现象，加强保护和实行持续利用的方针是当务之急。

## 1.2.9 台湾中央山脉地区

本区包括北自大雪山起至南部大武山及其周围地带，北纬22°30′~24°30′，东经

120°40′~121°30′，北回归线在中间通过。本区包括中亚热带和南亚热带区域，全区地势由北向南逐渐降低，中央山脉的山峰海拔多在3 000m以上，其玉山主峰最高，海拔3 952m，是中国东部海拔最高的山地。玉山山脉以西的阿里山脉稍低，海拔1 000~2 000m，南部和西南部为丘陵台地和冲积平原，海拔从300m一直至海平面。丘陵山地主要由砂页岩和粘板岩等构成。本区具有海洋性气候特点，温度高、雨量多，地带性植被为常绿阔叶林。南部海拔500m以下以青钩栲(*Castanopsis kawakam*)、台湾栲(*Castanopsis formosana*)、星刺栲(*Castanopsis stellatospina*)、广东琼楠(*Beilschmiedia tsangii*)为多。海拔500~2 000m与北部海拔1 300m以下的种类类似，以米槠(*Castanopsis carlesii*)、三果石栎(*Lithocarpus ternaticupus*)为主。海拔1 300~2 000m山地以椎果青冈(*Cyclobalanopsis longinux*)、沉水樟(*Cinnamomum micranthum*)和台楠(*Phoebe formosana*)等为多。海拔2 000~3 000m的山地出现常绿落叶阔叶混交林，主要建群种为台湾青冈(*Cyclobalanopsis morii*)和多种槭树。大雪山一带雨量多，环境特别潮湿，台湾水青冈(*Fagus hayatae*)广泛分布。本范围有些地方有大片台湾松(*Pinus taiwanensis*)林分布，也有个别华山松(*Pinus armandi*)出现，这种情况在大陆是极少见的，它们一东一西各自占据自己的地盘。海拔3 000~3 600m范围为亚高山针叶林，主要建群种为台湾云杉(*Picea morrisonicola*)、台湾冷杉(*Abies kawakami*)、玉山桧(*Juniperus morrisonicola*)和台湾花柏(*Chamecyparis formosana*)等。海拔3 600m以上即为高山杜鹃灌丛和草甸，所在地范围不大但植被垂直分布明显。

该区植物种类繁多，仅高等植物就有4 000多种以上，主要为东亚湿润亚热带成分。中国亚热带特有和中国—日本成分为多，台湾特有种也占一定的比重。南部地区热带成分占有明显的优势，多属泛热带和中国热带特有种类。动物种类中已知兽类有61种，鸟类400多种，爬行类92种，两栖类30种，淡水鱼类140种，昆虫50 000多种，还有不少未鉴定的种类。台湾黑熊、台湾猕猴、台湾云豹、台湾鼹鼠、水鹿、山麂、台湾蓝鹊和台北树蛙等都为台湾明星物种。

## 1.2.10 西藏东南部山地地区

本区大致从东经90°20′附近往东沿东喜马拉雅山主脊，包括察隅、墨脱、西巴霞、库尔等地。境内多高山深谷，山峰自东向西增高，常在海拔5 000m左右。东端的南迦巴瓦峰海拔7756m，屹立在雅鲁藏布江边。印度洋的温暖气流从孟加拉湾锲入后，首先受阻于这个山弧地区，带来丰富的降雨。在平原低山地区，年平均气温20℃以上，年降水量2 000mm以上。海拔1 000~1 100m以下有雨林分布，主要种类有羯布罗香(*Dipterocarpus turbinatus*)、长毛羯布罗香(*Dipterocarpus pilosus*)、翅果龙脑香(*Dipterocarpus alatus*)、阿萨姆婆罗双(*Shorea assamica*)、四数木(*Tetrameles nudiflora*)、印度第伦桃(*Dillenia indica*)、八宝树(*Duabanga grandiflora*)等。海拔1 000(1 100)~2 400m为山地常绿阔叶林，刺栲(*Castanopsis hystrix*)、印栲(*Castanopsis indica*)、红荷木(*Schima wallichii*)、青冈栎(*Cyclobalanopsis glauca*)、曼青冈(*Cyclobalanopsis oxyodon*)占有重要的地位。海拔2 400~3 200(3 600)m为山地针阔混交林，阴坡主要由云南铁杉(*Tsuga dumosa*)、曼青冈和凸尖杜鹃(*Rhododendron sinogrande*)占优势；阳坡有混生成片的川滇高山栎(*Quercus apuifoloides*)。

海拔 3 200(3 600) ~4 200(4 500)m 即为亚高山针叶林所代替，急尖长苞冷杉(*Abies georgei* var. *smithii*)、川西云杉(*Picea likiangensis* var. *balfouriana*)、苍山冷杉(*Abies delavayi*)、墨脱冷杉(*Abies delavayi* var. *matuonensis*)、喜马拉雅冷杉(*Abies spectabilis*)、大果红杉(*Larix potaninii* var. *macrocarpa*)、怒江红松(*Larix speciosa*)和大果圆柏(*Sabina tibetica*)等都是常见的建群种。海拔 4 200(4 500) ~4 800m 山地出现高山灌丛和草甸，雪层杜鹃(*Rhododendron nivale*)、滇匐柳(*Sarlix faxoniana*)、小蒿草(*Kobresia pygmaea*)是主要的建群种。再往上植物逐渐稀少，即所谓的高山冰缘稀疏植被带。通常阳坡的雪线为海拔 4 800m，阴坡为海拔 5 300m。

本区是中国植物区系较丰富的地区之一，高等植物达 4 000 种以上。印度—马来西亚成分、中国—喜马拉雅成分和北温带成分都占有重要地位，说明生境多种多样。

### 1.2.11 云南西双版纳地区

西双版纳位于云南南部，与缅甸和老挝接壤。面积 19 690km$^2$，北纬 21°9′ ~22°36′，东经 99°58′ ~101°50′。境内地势起伏较大，地貌结构以山原为主，其中有不少宽谷盆地，外围又分布着呈环状的丘陵山地。海拔 500 ~1 000m，一些山峰达到 1 300 ~1 500m，最高峰桦竹梁子海拔 2 429m。本区主要由变质岩、千枚岩、红色砂页岩和花岗岩等构成。该区总体上中间低四周高，南部有许多缺口，使西南季风得以向内部渗入，遇两侧高起的山地和逐渐升高的地势，导致湿气抬升，并凝结形成丰沛的降水和较高的气温，使处于北纬 21°以北的范围呈现热带性气候。一般冬半年 11 月至翌年 3 月为南支副热带西风环流所控制，气候干燥，太阳辐射量大，日温差大；夏半年 4 ~10 月受来自孟加拉湾海面的印度洋季风控制，北部湾的暖温气流对东部也有一定的影响。本区地处亚洲热带北缘，温度和雨量均不及典型热带区域。海拔 800m 以下的地带性植被类型为季节性雨林，像其他热带区域一样，种类组成十分复杂，群落中优势种不明显。主要建群种有千果榄仁(*Terminalia myriocarpa*)、番龙眼(*Pometia tomentosa*)、金刀木(*Barringtonia pendula*)、肋巴木(*Epiprinus siletianus*)、老挝天料木(*Homalium laoticum*)、大果人面子(*Dracontomelon macrocarpum*)、滇南风吹楠(*Horsfieldia tetrapetala*)、云南肉豆蔻(*Myristic ayunnanensis*)和大叶红豆树(*Knema linifllia*)等。局部沟谷有小片以龙脑香科的望天树(*Parashorea chinensis*)、版纳青梅(*Vatica xishuangbannaensis*)和羯布罗香(*Dipterocarpus turbinatus*)为标志的季节性雨林分布。石灰岩地区所形成的季节性雨林，种类组成全然不同。主要建群种为四数木(*Tetrameles nudiflora*)、樟叶朴(*Celtis cinnamomifolia*)、油朴(*Celtis wightii*)、多花白头树(*Garuga floribunda*)、羽叶白头树(*Garuga pinnata*)、勐仑翅子树(*Pterospermum menglunense*)、常绿榆(*Ulmus lanceaefolia*)和闭花木(*Cleistanthus sumatranus*)等。海拔 800 ~1 000m 范围出现山地季节性雨林，树种组成与海拔低处明显不同。主要建群种为肉托果(*Semecarpus reticulate*)、滇楠(*Phoebe nanmu*)、葱臭木(*Dysoxylum gobara*)、龙果(*Pouteria grandifolia*)、毛荔枝(*Nephelium chryseum*)和烟斗石栎(*Lithocarpus corneus*)等。不同的季节性雨林遭受破坏后，环境变干燥，会出现不同类型的季雨林。海拔 1 000 ~2 000m 即为山地常绿阔叶林，种类组成与热带森林完全不同，主要建群种为湄公栲(*Castanopsis metongensis*)、短刺栲(*Castanopsis echinocarpa*)、刺栲(*Castanopsis hystrix*)、印栲(*Castanopsis *indica*)、截头石栎(*Lithocarpus truncates*)、毛叶青冈(*Cyclobalanopsis kerrii*)等。思茅松(*Pinus kesiya* var. *langbianensis*)林在这一范围内有较大面积的分布。

本区土地面积仅占全国面积的不到0.2%，但高等植物种类却占全国的7%，约4 000多种。88%是热带成分，主要以印度—马来西亚植物区系区的缅泰成分为多，也有一些中国热带特有和泛热带种。海拔1 000m以上山地以亚热带性的东亚植物区系成分占有较重要的位置。据不完全统计，兽类有102种，约占全国总数的1/4，绝大部分灵长类和灵猫类集中于此，种群数量也较大，多为树栖类和热带森林的类群，如野象、印度野牛、白颊长臂猿、鼷鹿、印支虎等，都是国家一类保护动物。已知鸟类427种，两栖类38种，爬行类60多种，鱼类100种，昆虫近1 500种，还有许多未鉴定的种类。应该指出，上述物种中，不少种类有经济价值，在工农业原料、药用和园艺观赏领域发展最快。不少栽培植物的野生亲缘种，如野生稻、野茶树、野荔枝、野杧果、野砂仁、野苦瓜、野黄瓜、野三七和野油茶等，也有很大的利用潜力。但是与其他热带地区的情况类似，毁林开荒、刀耕火种、偷砍偷猎现象屡禁不止，以致森林遭到极为严重的破坏，盲目移居问题不能彻底解决。要从加强宣传和培训入手，提高当地居民和管理者的生态意识，把资源保护和利用结合起来，才能达到预期的保护目标。

### 1.2.12 桂西南石灰岩地区

本区域包括广西西南部左、右江流域一带，位于北纬21°98′~23°28′，东经105°40′~108°6′。境内的地层广布，从泥盆纪至二叠纪的石灰岩，层厚而质纯。岩溶地貌发育完整，表现为石灰岩峰丛、峰林和深切园洼地与槽形谷地地形，大约占据一半以上的面积，并常与由花岗岩、变质岩和砂页岩构成的丘陵山地呈镶嵌分布。西北地势高，海拔1 000~1 300m向东南倾斜至海拔100~500m，南部大青山一带也有海拔1 000~1 300m的山峰。左江、右江和邕江谷地海拔100~120m。本区的纬度与西双版纳大致相同，但难以栽培巴西橡胶树，主要原因是受沿湘、桂夹道南下的寒潮影响，可出现0℃以下的低温。本区干湿季明显，地带性植被类型也为季节性雨林，主要分布在海拔700m以下，建群种为海南风吹楠(*Horsfieldia hainanensis*)、望天树(*Parashorea chinensis*)、东京桐(*Deutzianthus tonkinensis*)、人面子(*Dracontomelon duperreanum*)和广西樗树(*Ailanthus guangxiensis*)等。园洼地山坡主要有蚬木(*Burretiodendron hsienmu*)、金丝李(*Garcinia paucinervis*)、肥牛树(*Cephalomappa sinensis*)、网脉核实(*Drypetes perreticulata*)、假肥牛树(*Cleistanthus petelotii*)等。园洼地顶部以闭花木(*Cleistanthus saichikii*)、细叶楷木(*Pistacia weinmannifolia*)、粉苹婆(*Sterculia euosma*)等为多。在花岗岩和砂页岩山地上的季节性雨林中，种类组成完全不同，建群种多为广西红光树(*Knema guagxiensis*)、乌榄(*Canarium pimela*)、红山梅(*Artocarpus styracifolius*)、紫荆木(*Madhuca subquincuncialis*)、风吹楠(*Horsfieldia amydalina*)和山枇杷(*Eberhardtia aurata*)等。海拔700m以上山地为酸性土壤，植被为常绿阔叶林。主要建群种有刺栲(*Castanopsis hystrix*)、青钩栲(*Castanopsis kawakami*)、黄果厚壳桂(*Cryptocarya concinna*)、厚叶琼楠(*Beilschmiedia percoriacea*)等。石灰岩山地即出现常绿落叶阔叶混交林，青冈栎(*Cyclobalanopsis glauca*)、石山樟(*Cinnamomum calcarea*)、青檀(*Pteroceltis tatarinowii*)、朴树(*Celtis sinensis*)、化香(*Platycarya strobilacea*)占有较明显的优势。

本区的植物种类繁多，仅高等植物就达到3 000种左右，80%以上属于热带成分，主要属于印度—马来西亚植物区系区中越边植物区系州的成分。本区的特有种很多，中国热带特有和泛热带成分也有一定的比重。海拔700m以上地带以亚热带性的东亚植物区系分布较多。动物方面的研究还有待加强，已知兽类30多种，鸟类近100种，爬行类14种，两栖类10多种，昆虫近千种，多属东洋界的成分。该区动物种类中，树栖型种类很多，白头叶猴是本区的特产，它与黑叶猴、猕猴、大灵猫、小灵猫、蛤蚧、果蝠等都是该区的代表种类。长期以来，本区的生物资源得到广泛的利用，土特产很多，远销国内外。但是，由于过度开发，已明显呈现资源枯竭现象。

## 1.2.13 海南岛中南部山地

海南岛位于南海的北部，地处北纬18°10′~20°10′，东经108°37′~111°3′，属于热带地区的岛屿。陆地面积33 920km$^2$，是中国第二大岛。岛上四周低平，中间高耸。中部偏南高山起伏，海拔1 000m以上的山峰有667座。五指山最高海拔1 867.1m，以中部山地为核心向四周递降。本区有山地、丘陵、台地、滨海平原。其中海拔500m以上山地占全岛面积25.4%。海拔100~500m的丘陵占13.3%，海拔100m以下的台地占32.6%，滨海平原占28.7%。全岛的地质基底以花岗岩为主，局部地方有砂岩、页岩和石灰岩的分布。北部台地主要为玄武岩，滨海平原即由浅海沉积物所构成。全岛气候属于热带季风气候，气温高，但冬季仍受北方寒潮的影响。与典型热带区域相比，本区年温差较大，绝对最低气温较低，雨量多而分配不均。东部为向风面，雨量多，西部为背风面，雨量较少，但干湿季都较明显。全岛是一个多台风区，每年约有8~9次，风力7~12级以上。地带性植被类型为季节性雨林，主要分布于海拔500m以下。丘陵山地下部和谷地主要建群种有蝴蝶树(*Tarrietia parvifolia*)、青梅(*Vatica astrotricha*)、坡垒(*Hopea hainanensis*)、海南嘉赐树(*Casearia aequilateralis*)和荔枝(*Litchi chinensis*)。山坡中上部以箭毒木(*Antiaria toxicaria*)、桄榄(*Pouteria annamensis*)、海南韶子(*Nephelium topengii*)、海南大风子(*Hydnocarpus hainanensis*)、假鹊肾树(*Streblus indica*)和割舌树(*Walsura robusta*)多见。西半部山前的一些丘陵和盆地中，由于环境干旱，出现大片的季雨林，主要种类为海南蒲桃(*Syzygium cumini*)、厚皮树(*Lannea grandis*)、五室第伦桃(*Dillenia pentagyna*)、鸡占(*Terminalia hainanensis*)和白格(*Albizzia odoratissima*)等。西部干旱的台地上有稀树草原的分布，海拔500~1 100m的山地出现山地季节性雨林，主要建群种为陆均松(*Dacrydium pierrei*)、鸡毛松(*Podocarpus imbricatus*)、琼崖柯(*Lithocarpus fenzelianus*)、刺栲(*Castanopsis hysirix*)、油丹(*Alseodaphnc hainanensis*)、海南黄叶树(*Xanthophyllum hainanense*)、海南紫荆(*Madhuca hainanensis*)和海南厚壳桂(*Cryptocarya hainanensis*)等。

海南岛陆地面积只占全国的0.35%，但高等植物占全国总数的7%，约有4 000多种。其中，630种为海南所特有，80%以上的种属热带成分，多为印度—马来西亚植物区系中马来半岛的成分和泛热带成分，中国热带特有种也占一定的比重。海拔较高山地有一些亚热带种类渗入。动物种类也有不少，已知兽类82种，鸟类344种，爬行类104种，两栖类37种，少是海南特有的种类。长臂猿、海南坡鹿都是国家重点保护动物。生物资源历来是经济收入的重要来源，但过分利用导致资源枯竭，环境恶化，需要全面规划。

## 1.2.14 青海可可西里地区

本区地处青藏高原腹地，平均海拔 5 000m 左右，最高峰为北缘的昆仑山布喀达板峰，海拔 6 860m，最低处海拔 4 200m。区内地势南北高、中部低，波状起伏，低山丘陵和高原湖盆相间分布，是羌塘高原内流湖区和长江河源水系交汇地区。本区湖泊众多，据统计，面积大于 $1km^2$ 的湖泊有 107 个，总面积 $3\ 825km^2$。其中，面积 $200km^2$ 以上的湖泊有 7 个。乌兰乌拉湖最大，面积为 $5\ 445km^2$。气候特点是寒冷、干旱、风大、区域差异大。年平均气温由东南向西北逐渐降低，为 -4.1 ~ -10℃。年降水量的变化趋势与温度的变化相似，为 200 ~ 400mm。植被的变化也与此趋势一致，从东南向西北，呈现高寒草甸、高寒草原、高原荒漠的更替。高山冰缘稀疏植被也有较大面积的分布。高寒草甸以小嵩草(*Kobresia pygmaea*)和无味苔草(*Carex pseudofoetida*)占优势。高寒草原占据面积最大，主要建群种有紫花针茅(*Stipa purpurea*)、藏扇穗茅(*Littledalea tibetica*)和莫氏薹草(*Carex moorcrlftii*)等。高山冰缘植被零星分布一些鼠曲雪兔子(*Saussurea gnaphalo des*)、昆仑雪兔子(*Saussurea depsangensis*)等。

区内的生物种类虽不多，但有许多青藏高原特有种类，世界其他地方都没有，所以把本区列入具有国际意义的生物多样性分布中心地区。据调查，区内高等植物有 202 种，占整个羌塘高原的 80.8%。其中青藏高原特有种 84 种，占全区种类的 41.6%。兽类有 16 种，其中 11 种为特有种，占 67.7%。鸟类约 30 种，特有种 7 种，占 23%。最著名的有藏野驴、野牦牛、藏羚、藏原羚、藏雪鸡、金雕、红隼等。它们的种群数量都较大，特别是藏野驴、野牦牛、藏羚和藏原羚都是成群出没。值得指出的是，高原上的湖泊，既有淡水湖、咸水湖，也有盐湖。湖水有白、蓝、蓝绿、靛青等色，由近而远，湖水由浅而深，形成一条条色带。疯狂的偷猎盗捕和采挖虫草等行为已经使该区生态系统和生物多样性遭到毁灭性破坏。

**(1) 具有国际意义的陆地生物多样性关键地区**

Ⅰ. 吉林长白山地区
Ⅱ. 冀北山地地区
Ⅲ. 陕西秦岭大白山地区
Ⅳ. 川西高山峡谷地区
Ⅴ. 滇西高山峡谷地区
Ⅵ. 湘黔川鄂边境山地地区
Ⅶ. 粤桂湘赣南岭山地地区
Ⅷ. 浙闽山地地区
Ⅸ. 台湾中央山脉地区
Ⅹ. 西藏东南部山地地区
Ⅺ. 云南西双版纳地区
Ⅻ. 桂西南石灰岩地区
XⅢ. 海南岛中南部山地地区
XⅣ. 青海可可西里地区

**(2) 具有全国性意义的陆地生物多样性关键地区**

A. 黑龙江内蒙古交界大兴安岭山地地区
B. 内蒙古锡林郭勒地区
C. 新疆阿尔泰山地区
D. 新疆伊犁天山地区
E. 甘南东祁连山地区

### （3）湿地和淡水水域生物多样性关键地区

A. 东北穆棱三江平原湿地区域
B. 两湖平原湿地区域
C. 贵州威宁草海地区
D. 云南洱海区域
E. 川西北若尔盖湿地区域

### （4）海岸和海洋生物多样性关键地区

A. 海南南沙群岛海区
B. 海南西沙群岛海区
C. 海南东南海岸珊瑚礁海区
D. 海南文昌清澜港红树林区域
E. 广西合浦山口沙田半岛海区
F. 广东珠江口南海海岸和海洋区域
G. 浙江平阳南麓列岛海区
H. 江苏盐城沿海海区
I. 山东青岛沿海海区
J. 山东庙岛群岛海区
K. 辽宁蛇岛老铁山海区

# 2. 生物多样性保护措施

## 2.1 生物多样性保护的途径

生物多样性的保护有多种途径，根据保护地与保护对象之间地理位置的关系，可以分为就地保护、近地保护、迁地保护和回归引种。

### 2.1.1 就地保护(自然保护区)

就地保护指为了保护生物多样性，把包含保护对象在内的一定面积的陆地或水体划分出来，进行保护和管理。就地保护包括以各种类型的自然保护区包括风景名胜区的方式，对有价值的自然生态系统和野生生物及其栖息地予以保护，以保持生态系统内生物的繁衍与进化，维持系统内的物质能量流动与生态过程。建立自然保护区和各种类型的风景名胜区是实现这种保护目标的重要措施。就地保护是生物多样性保护中最为有效的一项措施，是拯救生物多样性的必要手段。就地保护的对象，主要包括有代表性的自然生态系统和珍稀濒危动植物的天然集中分布区等。就地保护主要采取方式指建立自然保护区，或保护小区和保护点。

自然保护区是一个泛称，实际上，由于建立的目的、要求和本身所具备的条件不同，可以分为多种类型。按照保护的主要对象划分，自然保护区可以分为生态系统类型保护区、生物物种保护区和自然遗迹保护区 3 类；按照保护区的性质划分，自然保护区可以分为科研保护区、国家公园(即风景名胜区)、管理区和资源管理保护区 4 类。无论保护区是什么类型，其总体要求是以保护为主，在不影响保护的前提下，把科学研究、教育、生产和旅游等活动有机地结合起来，使其生态、社会和经济效益都得到充分展示。

自然保护区的定义分为广义和狭义两种。广义的自然保护区，是指受国家法律特殊保护的各种自然区域的总称，不仅包括自然保护区本身，而且包括国家公园、风景名胜区、自然遗迹地等各种保护地区。狭义的自然保护区，是指以保护特殊生态系统进行科学研究为主要目的而划定的自然保护区，即严格意义上的自然保护区。

1956 年，中国全国人民代表大会通过一项提案，提出了建立自然保护区的问题。同年 10 月，林业部草拟了《天然森林伐区(自然保护区)划定草案》，并在广东省肇庆建立了中国的第一个自然保护区——鼎湖山自然保护区。20 世纪 70 年代末 80 年代初以来，中国自然保护事业发展迅速。

《中华人民共和国自然保护区条例》(以下简称《条例》)第二条定义的“自然保护区”为“对有代表性的自然生态系统、珍稀濒危野生动植物物种的天然集中分布区、有特殊意义的自然遗迹等保护对象所在的陆地、陆地水体或者海域，依法划出一定面积予以特殊保护和管理的区域”。中华人民共和国的自然保护区分为国家级自然保护区和地方各级自然保护区。《条例》第十一条规定：“其中在国内外有典型意义、在科学上有重大国际影响或者有特殊科学研究价值的自然保护区，列为国家级自然保护区”。《条例》第十二条规定：

"国家级自然保护区的建立，由自然保护区所在的省、自治区、直辖市人民政府或者国务院有关自然保护区行政主管部门提出申请，经国家级自然保护区评审委员会评审后，由国务院环境保护行政主管部门进行协调并提出审批建议，报国务院批准。"

自然保护区又称为自然禁伐禁猎区(sanctuary)，自然保护地(nature protected area)等。自然保护区往往是一些珍贵、稀有的动、植物种的集中分布区，候鸟繁殖、越冬或迁徙的停歇地，以及某些饲养动物和栽培植物野生近缘种的集中产地，具有典型性或特殊性的生态系统；也常是风光绮丽的天然风景区，具有特殊保护价值的地质剖面、化石产地或冰川遗迹、岩溶、瀑布、温泉、火山口以及陨石的所在地等。中国建立自然保护区的目的是保护珍贵、稀有的动物资源，以及保护代表不同自然地带的自然环境的生态系统，还包括有特殊意义的文化遗迹等。其意义在于：保留自然本底，它是今后在利用、改造自然中应循的途径，为人们提供评价标准以及预计人类活动将会引起的后果；储备物种，它是拯救濒危生物物种的庇护所；科研、教育基地，它是研究各类生态系统的自然过程、各种生物的生态和生物学特性的重要基地，也是教育实验的场所；保留自然界的美学价值，它是人类健康、灵感和创作的源泉。自然保护区对促进国家的国民经济持续发展和科技文化事业发展具有十分重大的意义。

中国人口众多，自然植被少。保护区不能像有些国家那样采用原封不动、任其自然发展的纯保护方式，而应采取保护、科研教育、生产相结合的方式，而且在不影响保护区的自然环境和保护对象的前提下，可以和旅游业相结合。因此，中国的自然保护区内部大多划分成核心区、缓冲区和外围区(也称实验区)3 个部分。

核心区是保护区内未经过或很少经过人为干扰的自然生态系统的所在，或者是虽然遭受过破坏，但有希望逐步恢复成自然生态系统的地区。该区以保护种源为主，又是取得自然本底信息的所在地，还是为保护和监测环境提供评价的来源地。核心区内严禁一切干扰。缓冲区是指环绕核心区的周围地区，只准进入从事科学研究观测活动。外围区即实验区，位于缓冲区周围，是一个多用途的地区，可以进入从事科学试验、教学实习、参观考察、旅游以及驯化、繁殖珍稀和濒危野生动植物等活动，还包括有一定范围的生产活动，还可有少量居民点和旅游设施。

中国自然保护区分国家级自然保护区和地方级自然保护区，地方级又包括省、市、县三级自然保护区。此外，由于建立的目的、要求和本身所具备的条件不同，保护区有多种类型。1956 年，中国建立了第一个具有现代意义的自然保护区——鼎湖山自然保护区。截至 2015 年 1 月，中国的国家级自然保护区共有 428 个，占全国自然保护区总数的 15.9%；面积达 9 466 $\times 10^4 hm^2$，分别占全国自然保护区面积和陆域国土面积的 64.7% 和 9.7%。至 2011 年，省级及以下级别的自然保护区达 2 253 个(不含港、澳、台地区)，初步形成类型比较齐全、布局比较合理、功能比较健全的全国自然保护区网络。全国最大的自然保护区是西藏的羌塘国家级自然保护区，面积 29.8 $\times 10^4 km^2$，接近 3 个浙江省的面积。

生物圈是联合国教科文组织"人与生物圈计划"按照不同生物地理省建立的全球性自然保护网。生物圈保护区网络要把自然保护区与科学研究、环境监测、人才培训、示范作用相结合，在保护生物遗传多样性的同时实现人与自然和谐共处。中国于 1972 年加入这一计划。截至 2015 年 10 月，中国已有 33 个自然保护区加入世界生物圈保护区网络，164 个自然保护区加入中国生物圈保护区网络。

根据云南省环保厅公布的2014年云南省自然保护区名录，目前云南省共有国家级自然保护区21个、省级自然保护区38个、州市级自然保护区57个、县级45个。国家级自然保护区的地理位置、保护对象等见表(其他级别的自然保护区的相关信息可以参看云南省环境保护厅网站)。不同层次级别的自然保护区囊括了云南省各种类型的原生生态系统和栖息在这些生境中的珍稀动植物资源，为生物多样性的保护贡献一份力量。

表2-2 云南省国家级自然保护区名录

| 序号 | 全称 | 所在县市 | 总面积($hm^2$) | 主要保护对象 |
|---|---|---|---|---|
| 1 | 云南轿子山国家级自然保护区 | 东川区、禄劝县 | 16 456 | 针叶林、中山湿性常绿阔叶林及珍稀动植物 |
| 2 | 云南会泽黑颈鹤国家级自然保护区 | 会泽县 | 12 910.64 | 黑颈鹤及湿地生态系统 |
| 3 | 云南元江国家级自然保护区 | 元江县 | 22 378.9 | 干热河谷稀树灌木草丛、亚热带森林及野生动物 |
| 4 | 云南高黎贡山国家级自然保护区 | 隆阳区、腾冲、泸水、福贡、贡山县 | 405 200 | 森林植被垂直带谱、珍稀动植物 |
| 5 | 云南大山包黑颈鹤国家级自然保护区 | 昭阳区 | 19 200 | 黑颈鹤等珍禽及其生境 |
| 6 | 云南药山国家级自然保护区 | 巧家县 | 20 141 | 高山水源林及多种药用植物 |
| 7 | 云南乌蒙山国家级自然保护区 | 大关县、永善县、彝良县、盐津县 | 26 186.65 | 森林生态系统及野生动植物 |
| 8 | 云南无量山国家级自然保护区 | 景东县、南涧县 | 30 938.1 | 亚热带常绿阔叶林、黑冠长臂猿等珍稀动物及栖息地 |
| 9 | 云南永德大雪山国家级自然保护区 | 永德县 | 17 541 | 亚热带常绿阔叶林及野生动物 |
| 10 | 云南南滚河国家级自然保护区 | 沧源县、耿马县 | 50 887 | 亚洲象、孟加拉虎及森林生态系统 |
| 11 | 云南哀牢山国家级自然保护区 | 楚雄市、南华、双柏、景东、新平、镇沅县 | 67 700 | 中山湿性常绿阔叶林及黑冠长臂猿等野生动植物 |
| 12 | 云南大围山国家级自然保护区 | 屏边县、河口县、个旧市、蒙自县 | 43 992.6 | 南亚热带常绿阔叶林及珍稀动物 |
| 13 | 云南金平分水岭国家级自然保护区 | 金平县 | 42 026.6 | 南亚热带山地苔藓常绿阔叶林及珍稀动植物 |
| 14 | 云南黄连山国家级自然保护区 | 绿春县 | 61 860 | 亚热带常绿阔叶林、野生动植物 |
| 15 | 云南文山国家级自然保护区 | 文山市、西畴县 | 26 867 | 岩溶中山南亚热带季风常绿阔叶林、亚热带山地苔藓常绿阔叶林以及野生动植物 |
| 16 | 云南西双版纳纳版河流域国家级自然保护区 | 景洪市、勐海县 | 26 600 | 热带季雨林及野生动植物 |
| 17 | 云南西双版纳国家级自然保护区 | 景洪市、勐海县、勐腊县 | 241 776 | 热带森林生态系统及珍稀野生动植物 |
| 18 | 云南大理苍山洱海国家级自然保护区 | 大理市、漾濞县 | 79 700 | 断层湖泊、古代冰川遗迹、苍山冷杉、杜鹃林 |
| 19 | 云南云龙天池国家级自然保护区 | 云龙县 | 14 475 | 云南松林、高原湖泊及珍稀动物 |

（续）

| 序号 | 全称 | 所在县市 | 总面积（$hm^2$） | 主要保护对象 |
|---|---|---|---|---|
| 20 | 云南白马雪山国家级自然保护区 | 德钦县、维西县 | 276 400 | 高山针叶林、滇金丝猴 |
| 21 | 长江上游珍稀特有鱼类国家级自然保护区（云南段） | 镇雄县、威信县 | 136.163 | 白鲟、达式鲟、胭脂鱼、大鲵、水獭等 |

## 2.1.2 近地保护

近地保护是云南省林业厅近年提出的对野生植物进行保护的一种新方法，主要是针对有限分布点的极小种群野生植物而提出的一种特殊保护措施，不等同于通常意义上的迁地保护，是在接近物种原生地、保护地边缘或生物走廊带内，在相同或相近的生境开展物种的迁地保护活动。它强调“人工管护”，具有保护、科研观察、科普展示的功能，是介于增强回归（Reinforcement）和迁地保护（*Ex situ* conservation）之间的一种特殊保护形式，类似于“*In situ* conservation”。如今，该方法已成为国家林业局野生植物六大拯救保护措施之一。近地保护不仅可以保存物种，还能使种群数量扩大。有研究对比了38种国家重点保护植物在西双版纳近地保护和其他植物园迁地保护的效果，结果表明：在近地保护中约有90%的种类能很好地适应当地环境条件，生长良好，开花结果，繁衍后代，基本上达到“从种子到种子”的标准，在物种层次上的保护是成功的。

## 2.1.3 迁地保护

迁地保护是指为了保护生物多样性，把不安全或受威胁生境中的濒危物种或物种的一部分迁出原地，移入植物园、树木园、动物园、水族馆、濒危物种繁殖中心和种质资源库等，进行特殊的保护和管理；是挽救濒危物种的重要手段之一，是实现物种回归自然和种群人工恢复的基础和重要前提，同时也是实现资源可持续利用第一步。生物多样性保护的一个主要目的是可持续利用，往往也要由就地保护经过迁地保护才能实现。因此，迁地保护与就地保护相辅相成，在某些情况下甚至是惟一可行的选择。

植物园（Botanical Garden）是调查、采集、鉴定、引种、驯化、保存和推广利用植物的科研单位，以及普及植物科学知识并供群众游憩的园地。展览、介绍、研究和利用自然界丰富的植物资源，尤其是野生植物资源，是植物园的基本任务。因此，所有植物园都将植物种质资源，包括稀有、珍贵和濒危种类的搜集、鉴定和保存，作为其工作的首要环节。同时，植物园也是进行植物引种驯化的重要园地，在使外地植物适应本地生长条件、增加和改造本地栽培植物种类方面具有重要作用。欧洲最古老的帕多瓦植物园建于1533年。世界最大的加尔各答热带植物园建于1787年，1947年改名为印度植物园。中国最早的植物园是1929年建立的南京中山植物园。世界著名的植物园有位于澳大利亚墨尔本的墨尔本皇家植物园（Royal Botanic Gardens Melbourne）、英国丘园、法国巴黎植物园、加拿大蒙特利尔植物园等；中国的中国农业科学院兴隆热带植物园、中国科学院南京中山植物园、中国科学院华南植物园、中国科学院武汉植物园、中国科学院西双版纳热带植物园、深圳仙湖植物园、北京植物园、台北植物园、上海植物园等。

位于云南省西双版纳自治州勐腊县勐仑镇的中国科学院西双版纳热带植物园是集科学研究、物种保存和科普教育为一体的综合性研究机构和国内外知名的风景名胜区，也是中国西南重要的珍稀植物迁地保护基地。该植物园占地面积约 1 125hm$^2$，收集植物 12 000 多种，建有 38 个植物专类区，保存有一片面积约 250hm$^2$的原始热带雨林，是我国面积最大、收集物种最丰富、植物专类园区最多的植物园，也是世界上户外保存植物种数和向公众展示的植物类群数最多的植物园。

其中，专设的珍稀濒危植物迁地保护区占地面积 90hm$^2$，于 1974 年划地保护与建设，旨在保护与研究珍稀濒危植物及热带雨林多样性。通过几十年的收集、保护与建设，区内现有高等植物 3 000 余种，其中引种植物约 1 500 种，保存有 100 多种国家珍稀濒危植物和重点保护植物。区内还建有用于生态学研究的森林生态系统观测塔、地表径流观测站等设备，同时建设了一些具有特色的植物专类园区，既保存了物种又丰富了科普教育的内容。区内的森林群落以四树木、番龙眼等为标志树种。漫步其中，可看到老茎生花、绞杀现象、独树成林、板根等典型的热带雨林景观。该区已成为从事生态学、森林生态学、生物多样性保护等研究的重要基地。

植物种质资源保存主要有原地保存、异地保存和设施保存 3 种方式。设施保存的场所又称为种质资源库，是当前最有效、最安全的保存方式，它包括种子低温保存、超低温保存及种质离体保存等方法。种质库保存以种子为主体的作物种质资源及其近缘野生植物，这些材料可随时提供给科研、教学及育种单位，供于研究利用和国际交换。

中国科学院上海细胞生物研究所和昆明动物研究所均建有颇具规模的细胞库。昆明动物研究所利用西南地区动物种类繁多和资源丰富的特点，侧重从动物遗传(种质)资源的保存和利用角度建立野生动物细胞库，迄今已保存 170 余种，其中不少是我国特有的珍稀或濒危动物，如滇金丝猴等。随着细胞生物学和发育生物学的发展，有朝一日我们最终将揭示细胞分化和个体发育的奥秘，通过细胞培养或核移植一类技术，我们的后代可以从细胞库中再建地球已灭绝的动物。现代细胞库也是一个密集的基因库，不仅冻存的细胞可以“苏醒”，细胞或冻存组织中的 DNA 即基因也同样有可能“苏醒”。所以，有人形象地把细胞库比喻为保存动物遗传多样性的“诺亚方舟”。

### 2.1.4 回归引种(回归自然)

回归引种是将一种物种释放到它曾生存过，但现已灭绝或人们认为已经灭绝的地方并加以管理；即某一地域内原来有这一物种，后来因自然或者人为的原因这一物种在此地域灭绝，于是从其他地域引种使其继续生存；也指把经过迁地的人工繁殖体，重新放回它们原来自然和半自然的生态系统，或放回适合它们生存的野外环境中。

回归引种是就地保护和迁地保护的桥梁，应该看作综合保护的一个组成部分，其目的在于保护和增加生物多样性，为一个在全球范围内野生种群已经灭绝或在某一地区已经消失的种或亚种建立野外的可维持的、自然繁衍的种群。国内的回归引种相关研究从 20 世纪 80 年代逐渐兴起，到了 21 世纪的第一个 10 年达到第一个研究的高峰期。

濒危物种的回归引种与种群重建是一个系统性的工程。它需要在充分了解物种的生长发育特性与濒危机理的基础上，以群落和生态系统为背景，以濒危植物的生物学与生态学特征及濒危机制为依据，选择、改造移栽地的生态环境，运用生态学原理与技术构建新的能稳定发展的种群。

疏花水柏枝(*Myricaria laxiflora*)是柽柳科(Tamaricaceae)水柏枝属(*Myricaria*)的多年生灌木植物，由于对生境要求严格，仅生长于重庆市巴南区至湖北省宜昌县间12个县级区域的长江干流消落带的中部和下部。三峡工程修建后三峡库区的最高水位达到了175m，有550种植物的分布与生长受到影响，其中受影响最严重的是分布于低海拔消落带的河滩地植被及其植物种类，其生境将被全部淹没。疏花水柏枝原分布于三峡库区海拔70～155m消落带河滩上，是因三峡工程的修建而丧失其全部生境的唯一植物种类。为了保护该物种，中国科学院植物研究所、中国科学院武汉植物园曾先后对该物种的地理分布、物种自然分布习性、物种的种群多样性、物种分布地的群落组成与结构以及营养繁殖方法等内容开展了研究，在此基础上展开了回归引种的工作。其中包括种群重建地的生态环境调查、种群重建地植物群落组成与结构的调查、重建地生态环境的修饰等；在回归引种栽培后，还要进行相应的移栽种群动态的监测与管理、移栽地植物群落动态的调查等。

## 2.2 生物多样性保护的法律措施

为了遏制人为因素造成的生物多样性锐减的趋势，中国政府采取了一系列措施保护生物多样性，其中一项重要而有效的措施就是制定和实施了一系列保护生物多样性的法律法规。

### (1)《中华人民共和国宪法》(以下简称《宪法》)

《宪法》是全国人民代表代会制定的国家根本大法，是其他法的立法依据。《宪法》第九条规定，国家保障自然资源的合理利用，保护珍贵的动物和植物。禁止任何组织或者个人利用任何手段侵占或破坏自然资源。《宪法》第二十六条规定，国家保护和改善生活环境和生态环境，防治污染和其他公害；国家组织和鼓励植树造林、保护树木。

### (2)法律

法律是由全国人民代表大会或其他常务委员会制定的。主要有《中华人民共和国环境保护法》(1989)、《中华人民共和国海洋环境保护法》(1982)、《中华人民共和国森林法》(1984)、《中华人民共和国草原法》(1985)、《中华人民共和国渔业法》(1986)、《中华人民共和国野生动物保护法》(1988)、《中华人民共和国水土保持法》(1991)、《中华人民共和国进出境动植物检疫法》及《中华人民共和国关于惩治捕杀国家重点保护的珍贵、濒危野生动物犯罪补充规定》等。

### (3)行政法规

行政法规主要有《水产资源保护条例》(1979)、《植物检疫条例》(1983)、《国务院关于严格保护珍贵稀有野生动物的通令》(1983)、《风景名胜区管理暂行条例》(1985)、《森林法实施细则》(1986)、《渔业法实施细则》(1987)、《森林防火条例》(1988)、《森林病虫害防治条例》(1989)、《种子管理条例》(1989)、《野生药材资源保护管理条例》(1987)、

《防止海岸工程建设建设项目污染损害海洋环境管理条例》(1983)、《城市绿化条例》(1993)、《陆生野生动物保护实施条例》(1990)、《种畜禽管理条例》(1994)、《自然保护区管理条例》(1994)、《野生植物保护条例》(1996)和《国务院关于环境保护若干问题的决定》(1996)等。

(4)地方性法规

地方性法规是省、自治区、直辖市人民代表大会或其常委会制定的。这类法规数量众多，如《云南省自然保护区管理条例》《广东省森林管理实施办法》《内蒙古草原管理条例》《辽宁省野生珍稀濒危植物保护暂行规定》《吉林省野生动植物管理暂行条例》和《浙江省自然保护区条例》等。

(5)规章

规章包括国务院有关主管部门制定的部门规章和省级人民政府制定的地方规章。如国家林业局《森林和野生动物类型自然保护区管理办法》《加强森林资源管理若干问题的规定》《植物检疫条例实施细则》等；农业部关于《植物检疫条例实施细则》《关于制止乱搂发菜滥挖甘草保护草场资源的报告》；国家林业局和农业部《国家重点保护野生动物名录》；外贸部《关于停止珍贵野生动物收购和出口的通告》；国家海洋局《海洋自然保护区管理办法》；海关总署和农业部《关于对旅客携带动植物标本出境加强监管的通告》；最高人民法院《关于要求依法严惩猎杀大熊猫、倒卖走私大熊猫皮的犯罪分子的通知》；最高人民法院、最高人民检察院、国家林业局、公安部、国家工商行政管理局《关于严厉打击非法捕杀收购倒卖走私野生动物活动的通告》等。

## 2.3 生物多样性保护的管理机构

为了有效保护生物多样性，我国还成立了相关的管理机构。其中，国务院有关主管部门主要有国家环境保护部下设的自然保护司、国家林业局下设的野生动物和森林植物保护司、农业部下设的环保能源司、建设部下设的城市建设司、国家海洋局下设的海洋综合管理司等。地方管理机构主要有环境保护局、林业厅(局)、农业厅(局)、海洋局等。

## 2.4 科学研究

由于生物多样性保护的极端重要性，生物多样性相关的科学研究也成为科研领域的热点。具体主要包括如下几个方面：

### 2.4.1 生物多样性编目

组织和开展生物区系调查，编著各类生物基本图志。如《高等植物图鉴》《中国植被》《中国自然地理》《中国植物志》《中国动物志》《中国经济植物志》《中国鸟类大纲》《中国经济昆虫志》《中国植物红皮书》和《中国动物红皮书》等。

### 2.4.2 保护技术和理论研究

几十年来，中国科学院有关科研院所、高校及地方研究机构组织开展了生态学、分类学、生物学、遗传学等基础理论研究。如中国科学院“生物多样性保护及持续利用的生物学基础研究”“中国生物多样性保护生态学的基础研究”“中国主要濒危植物的保护生物学研究”等。

### 2.4.3 监测与信息系统

生物多样性保护信息系统包括濒危物种信息系统、分类标本收藏信息系统、遗传资源信息系统和生态系统信息系统。

物种多样性信息系统包括分类地位、数量与分布、濒危程度、野生和饲养种群大小、栖息地、生物学和生态学习性、人类利用情况、有关保护区和各地保护状况等。

生态系统信息系统包括各类生态系统特征、受威胁程度及有关的环境因子如气候、土壤、地质等。

## 2.5 国际合作

生物多样性的保护是全人类面临的重要课题，因而国际合作就显得格外重要。目前已有的国际合作形式包括以下几个方面：

### 2.5.1 与世界银行的合作

2006 年，世界银行批准为中国广西综合林业发展与保护项目提供 1 亿美元贷款，全球环境基金也为该项目提供 525 万美元赠款用于生物多样性保护。2006—2012 年，世界银行与广西壮族自治区政府合作，通过扩大人工用材林培育、恢复植被、示范生态管理良好实践、开展林业碳汇和碳交易试点，改善广西的森林资源管理。该项目增加森林面积超过 232 000$hm^2$，减少了碳排放，加强了生物多样性保护，增加了 215 000 多户农户的收入。2011 年 5 月，世界银行批准了艾比湖流域可持续治理和生物多样性保护项目，项目旨在帮助恢复艾比湖的生态系统。本项目针对威胁艾比湖可持续生物多样性的主要原因，加强科学分析，试点针对解决根源问题的新方式。此外，还将加强艾比湖国家湿地保护区管理，特别是保护水生和陆生物种栖息地，与社区协商试点管理放牧的新方式，促进本土植物物种的自然更新。

### 2.5.2 与联合国开发计划署(UNDP)的合作

在全球环境基金(GEF)的支持下，全球环境基金青海三江源生物多样性保护项目于 2013 年 1 月启动，项目总投资 2 385.5 万美元，实施期 5 年，UNDP 为项目国际执行机构。项目旨在通过加强省内各自然保护区能力建设，使项目区生物多样性得到有效保护。2006 年，UNDP 通过对斯道拉恩索公司广西人工速生林项目的环境与社会评估，以及评估的后续联合行动，促使这家大型跨国公司走向可持续发展之路。双方确立了 2006 年—2010 年的合作框架，合作内容之一即为保护广西的生物多样性。

### 2.5.3 与联合国粮农组织(FAO)和世界粮食计划署的合作

1978—1993 年，FAO 通过技术合作和信托基金形式，无偿援助中国 21 个林业项目，总金额 810 万美元。至 1992 年底，国家林业局共接受世界粮食计划署援助造林项目 9 个，总金额 1.18 亿美元。

### 2.5.4 与联合国环境规划署(UNFP)的合作

自 1988 年以来，中国积极支持和参与 UNEP 主持的《生物多样性公约》的起草和谈判，并积极履行《公约》义务。目前，UNEP 已立项支持中国编写“生物多样性国情研究报告”和“生物多样性管理和信息网络能力建设”。此外，自 1985 年以来，中国还受 UNEP 的委托，先后举办了 5 期控制沙漠化和生态农业培训班，为发展中国家培训了 100 多名技术人员。2011 年，科技部与 UNFP 签署了合作备忘录，开展为期 3 年的 6 个合作项目，主要涉及非洲水资源计划、水资源利用、水资源生态保护、干旱预警系统与适应、旱地节水农业和沙漠化防治。

### 2.5.5 与联合国教科文组织(UNESCO)的合作

中国于 1978 年参加由 UNESCO 组织的“人与生物圈计划协调理事会”，并在国内建立了“人与生物圈”国家委员会。先后有吉林长白山、四川卧龙、广东鼎湖山、贵州梵净山、福建武夷山等保护区被接纳为国际生物圈保护区网成员。截至 2015 年 10 月，已有 33 个自然保护区加入。

### 2.5.6 与世界自然基金会(WWF)的合作

1980 年，由国务院保护办公室会同国家林业局和中国科学院与 WWF 会谈，讨论大熊猫研究项目，其后国务院环保办委托原林业部与 WWF 签订了“关于建立保护大熊猫研究中心的议定书”，WWF 资助在四川卧龙建立了大熊猫研究中心。1990—2000 年，国家林业局与 WWF 共签署了两个“五年合作框架”，内容包括大熊猫及其栖息地保护、热带雨林保护、湿地鸟类保护、濒危物种资源调查及培训、宣传和教育等 5 个方面。从 1998 年开始，WWF 对保护青藏高原特有物种藏羚羊开展了广泛的研讨，并在我国最大的保护区西藏羌塘自然保护区(藏羚羊、野牦牛、藏野驴、棕熊等的重要栖息地)实施了共管体系建设。2007 年，WWF 野生动植物保护小额基金通过使用诺维信和关键生态合作基金，捐款资助科学家对一些物种进行就地保护和种群恢复，设法拯救长梗肖槿、小勾儿茶、峨眉拟单性木兰、云贵水韭等濒临灭绝的物种。

### 2.5.7 与国际自然保护联盟(IUCN)的合作

中国已正式以政府会员身份加入了IUCN，并开展了多次合作。如1986年，国家环境保护局与IUCN合作，对新疆阿尔金山自然保护区进行了科学考察；1993年与国家公园与保护区委员会(CNPPA，IUCN下设机构)合作，在北京召开了“第一届东亚地区国家公园与保护区大会”。IUCN与其伙伴合作，采用创新的办法保护长江上游山区生态区药用植物。这个项目由中国—欧盟生物多样性项目(ECBP)资助，项目执行期至2010年。作为景观级别合作，药用植物项目采用创新的生态系统管理和激励方法，减缓退化的药用植物的生态系统，改善岷山和秦岭等生物多样性丰富的山区人们的生活。

### 2.5.8 与国际野生生物保护协会(WCS)的合作

1895年，组约动物协会成立，后更名为国际野生生物保护协会。至2011年，WCS在64个国家开展600多个保护项目；1996年至2011年，WCS在中国陆续开展了西部项目、东北虎保护项目、华南项目、扬子鳄重引入项目、斑鳖项目。

### 2.5.9 双边合作项目

1993年中国与德国政府签订协议，德国政府无偿提供1 300万马克，在陕西西部7个县造林$2.3\times10^4hm^2$，并建立种子库和技术培训中心；德国政府无偿援助海南热带森林保护项目，总金额538万马克，用于人才培训，建立热带生物多样性示范区、人工营造示范区和封山育林区；荷兰政府无偿援助云南省森林保护及社会发展项目(FCCDP)，总金额1 500万美元。

## 2.6 社区经济发展

社区的发展状况与自然保护区的建设与发展息息相关，因而必须充分重视社区的经济发展。

#### (1)重视社区管理问题

充分认识社区管理问题的重要性，在立法环节把社区管理工作内容纳入保护区管理机构的管理目标和职责，是解决社区与保护区冲突的前提。生物圈保护区所倡导的概念，就是把生物多样性保护与社区经济发展相结合，把人作为自然保护区中的组成成分来考虑，重视发挥缓冲区和实验区的功能。

#### (2)尊重社区权利，与社区分享利益

对于保护区内的集体所有土地和山林、水体、牧场等，应尊重其所有者受益的原则，

与社区分享利益，帮助社区经济发展。可以通过购买、租赁土地使用权和资源管理权的方式；也可以按不同所有者的份额，共享资源获得的收益，如门票、资源补偿费、土地设施出租费等；还可以通过其他补偿方式，如以粮食换林权、以粮食换生态等。

(3)建立和完善联合管理委员会

在保护区与社区之间建立多种形式的联合共管委员会，联合共管委员会的形式可以多种多样，成员可多可少，关键是每个委员会的目标明确，工作职责清楚，运行机制有效。运用多种途径，把社区与保护区紧密地结合在一起，共同实现自然保护的目的。

(4)建立科学的社区管理运行机制

由政府赋予保护区部分行政管理权力，那些不具备地方政府职能的保护区管理机构，应由政府授予土地、资源管理权，至少有权力对保护区内社区居民的生产活动，土地利用方式，建筑及设施的尺寸、样式，交通工具的数量等制订管理规章，并加以监督，对违法者有处置和执法权。为了实现自然保护的目标，社区经济发展和生产生活都受到限制，政府除给予相应补偿外，还应给予一定的优惠政策如减免税收等。通过扶贫款或保护基金等形式，建立国家补偿机制。对野生动物践踏农田、猛兽猎食牲畜、候鸟袭击鱼塘等损害社区利益的现象有固定的补偿途径，有专门机构评估损失，有正常的申述渠道。社区应对保护区的划界、分区、规划、计划、管理规章的制订有知情权，有机会参与讨论，有一定程度的决策权力。即使有反对意见，也要保证有人听取和做出解释。

(5)建立社区监督机制

通过人大、地方政府、纪检监察部门对自然保护区的管理机构实行监督，在保护区管理人员的工作考核中也加入社区的考核意见，绩效挂钩，敦促管理人员提高对社区的认识，改进工作作风。

(6)经营与管理分离，限制保护区的经营权力

我国是一个发展中国家，受国家经济实力所限，保护区需要创收自养的政策在相当一段时间内还会继续存在，但是应对保护区的经营项目和经营权力进行一定限制。某些收费项目可以继续执行，如旅游门票、资源补偿费、环境保护费等。某些经营项目要区别对待，如游客中心有向公众宣传教育义务的项目，可以保留。纯属盈利的企业，如旅行社、餐饮服务、旅馆、交通工具甚至工厂、养殖场等应剥离，原属保护区所有的要转让，可以优先、优惠转让给保护区机构调整后分流的职工。保护区管理机构包括职工都不应拥有被保护区管理企业的股份，更不能身兼数职。

(7)扶持、引导社区经济发展

可以采取多种形式，通过多种渠道扶持并引导社区的经济发展。调整产业结构，改变对资源依赖型的传统生产方式。减少种植、养殖、放牧、捕捞等对自然资源破坏较大的产业。强化管理，提高劳动效率，使社区最大限度地提高利润率。引进技术、人才、资金，协助社区提高生产力水平。

**（8）因势利导，积极扶持，发展农民专业合作组织**

农民专业合作经济组织发展于20世纪80年代中后期，是在家庭承包经营基础上对农业经营体制的创新，是广大农民群众适应市场经济发展要求、满足发展经济的合作需求，是建设现代农业、增加农民收入、提高农民和农业组织化程度的有效形式，是新阶段党和政府指导农业和农村工作的重要渠道。从前期的实践来看，由龙头企业、各种大户、农民合作组织、中介组织和部分基层干部离岗参与经济组织为核心力量，组建农村专业合作社的经验值得借鉴。

# 3. 保护方案及实施案例——巧家五针松的保护

巧家五针松又称五针白皮松(*Pinus squamata*)，隶属于松科松属。巧家五针松分布于云南省昭通地区巧家县新华镇，因而得名。巧家五针松在1990年3月首次被发现，1992年西南林学院教授李乡旺发表命名为“五针白皮松”，1999年8月国家林业局发布《国家重点保护野生植物名录(第一批)》，以“巧家五针松”为名。2002年，云南药山省级自然保护区升格为国家级自然保护区，将其分布区及周围1 193hm$^2$森林纳入保护区总体规划，巧家五针松从此成为保护区一个最突出的亮点。巧家五针松隶属于松科松属古老孑遗植物，是阐明松属系统演化非常有价值的材料，分布于云南省昭通市巧家县白鹤滩镇杨家湾村樟木箐(半阳坡)和中寨乡(半阴坡)付山村徐家湾同一山体相背的两个坡面上。其中樟木箐现存22株，徐家湾现存14株，11株树龄在45年左右，最小的3株树龄11年左右，最大的3株树龄60年左右，有3株生长状况不良。从年龄结构和大小级结构分析，巧家五针松种群幼苗和幼树缺乏，自然更新差，年龄结构偏大，种群呈衰退迹象。加上种群个体数量太少，容易受各种随机和非随机干扰的影响从而导致种群灭绝。

## 3.1 巧家五针松保护工程的实施

堪称植物界大熊猫的巧家五针松自1992年发表后，引起了国内外学者的高度关注，其天然个体极其稀少，仅34株，分布于云南药山国家级自然保护区内不足1km$^2$的极狭窄区域。根据国际自然与自然保护联盟(IUCN)1994年正式通过的濒危物种等级系统，五针白皮松属于极危物种，已被国务院批准列为国家一级保护植物，2008年由于其极为濒危而列入极小种群进行保护。

在该物种被发现之初，针对巧家五针松种群数量稀少的情况，保护好现有的个体是进行科学研究和发展的基础、巧家县委、政府十分重视对该物种的保护，在地方财力极度紧张的情况下，聘请专门的巧家五针松巡护员，对巧家五针松及其栖息环境采取了封禁措施，严加管护；2005年成立药山自然保护区杨家湾管理站，对天然居群及其生境实行了更严格、规范的保护；随着对该物种研究的深入，从多个方面探讨了巧家五针松极度濒危的机制，并提出保护和发展的对策建议；利用已有的研究成果，在采取严格的保护措施的同时，竭力利用种源进行了近地保护繁殖和归化，逐步扩大种群的个体数量，以降低火灾等偶然性因素导致的该物种灭绝的几率，为进一步扩繁和迁地保护该物种奠定坚实的技术基础和种质基础；积极与科研院所合作，先后与西南林业大学、云南大学等开展了育苗及定植技术合作研究，取得了一些初步成果。

1993—1997年，西南林学院李乡旺项目组在昆明市西南林学院校园内、一平浪林场进行了异地定植试验，林木表现良好。

1996—1997年，李乡旺课题组用巧家五针松离体胚进行组织培养，成功从子叶诱导出大量愈伤组织及不定芽，证明利用组织培养技术可以获得大量种质材料，在现代种质保存技术条件下长期保存巧家五针松种质。该课题组还进行了巧家五针松松针扦插、枝条扦插、幼枝嫁接的小规模试验，初步探索了各种无性繁殖方法，为扩展巧家五针松种质保存、扩大实验和种植材料来源尊定了技术基础。

2004年，与云南大学等单位合作的《巧家五针松、云南黄连、桃儿七三种珍稀濒危资源植物保护生物学调查研究》项目，进行了保护生物学研究、异地苗木繁育、育苗技术探索等研究。

2008年，冰冻雪灾后，在云南省委、省政府的关心下，实施了《巧家五针松近地保护项目》，在采取拯救措施的同时，加强母树及周边生境的保护，促进母树恢复健康生长；强化对育苗、造林技术的研究；做好近地归化保护，尽快扩大种群；促进树种的园林应用，拓宽种质资源保护途径，进而达到保护该极小种群的目的。

2010年，实施了《珍稀濒危物种巧家五针松野外救护项目》，项目实施期为1年，建立了巧家五针松物种档案；针对巧家五针松的病虫鼠害开展调查，在果期进行鼠害防治，在育苗、移栽阶段实施病虫害防治；采集种子，开展繁育工作；以召开村民大会、发放宣传册等形式，对巧家五针松栖息地周边群众开展环境教育的宣传。

巧家五针松现存野外居群已全部划入药山国家级自然保护区，每株挂牌编号、登记在册、安排专人负责巡视保护，加强对周围居民的宣传教育现已家喻户晓，10余年来杜绝了火灾等危险性因素对该物种的灭迹威胁，并竭力利用种源进行人工扩繁。

1997—2005年，巧家县林业局、云南药山国家级自然保护区已在巧家县樟木箐村边、巧家营大沟，西南林学院李乡旺项目组在昆明市西南林学院校园内、一平浪林场，云南大学胡志浩项目组2004年在巧家及昆明花红洞珍稀濒危植物繁育基地等地，进行了8个批次较大规模的种子育苗、幼树栽培实验，取得了初步成功。现在巧家县内2地，约有1500株4年生苗，86株14年生幼树，共1 586株；在昆明有2地，约1 000株6年生苗和80株16年生幼树，共1 080株；在一平浪林场有150株16年生幼树；中国科学院昆明植物研究所和云南省林业科学研究院植物园有少量植株，用作研究观察；楚雄紫溪山林场有4株成功嫁接在华山松砧木上的幼树。

2005—2011年，药山自然保护区管理局利用有限的种子，人工繁殖7批次，共育苗6 500余株，已近地归化定植5 000余株、101.5亩。除局部地段外，成活率达到85%左右。在原生个体及其生境得到保护的同时，种群数量逐步扩大，极大地降低了偶然因素导致该物种灭迹的几率。社区公众保护意识和参与意识明显增强，营造了良好的保护氛围。

巧家五针松通过10余年的保护，在上级主管部门的大力支持、当地党委政府的高度重视、社会各界的关心支持、社区群众的努力配合下，取得了显著成绩，天然居群得到很好的保护，天然个体没有因为自然及人为因素而减少，近地归化定植取得初步成功，种群数量(人工)不断增多。

## 3.2 药山自然保护区的建立

2005年，经国务院批准正式药山保护区为国家级自然保护区，正是以保护巧家五针松在内的多种珍稀、濒危植物以及常绿阔叶林生态系统为重要目标的自然保护区。其中，杨家湾片区面积虽然仅占整个保护区的5.39%，却是巧家五针松仅存的原生分布区域。药山国家级自然保护区的前身是1984年4月云南省政府批准建立的药山省级自然保护区，划定面积10 215$hm^2$，并在药山镇设立了药山自然保护区管理所。1990年以来，由于在县内的杨家湾发现了巧家五针松群落(1999 年被国家认定为Ⅰ级重点保护野生植物)，在金沙江边发现国家Ⅱ级重点野生植物——攀枝花苏铁群落，保护区范围扩大。2003 年进行自然保护区科学考察总体规划时，正式确定了保护区边界，面积扩大到 20 141hm$^2$，直至国家级自然保护区的正式成立。由此可以看出，国家对于珍稀濒危植物的保护非常重视。

## 3.3 关于巧家五针松濒危机制的科学研究

有学者分析，五针白皮松是分布区正在缩减的古特有种，其孑遗性质明显。五针白皮松种群数量的不断减少，表明了其对现代生态环境的不适应。这种不适应首先表现在其对干旱及间歇性干旱的适应能力不强。五针白皮松的濒危还受到下列因素影响。①有效种子数量少。现有五针白皮松中，能结实的仅有 6 株。实测球果实际产种量仅为理论产种量的 45.1%，其中空粒率为 40%。②种鳞构造不利于种子脱落。五针白皮松木质种鳞横切面呈曲瓦状三角形，中央厚度较大，种鳞不易张开到足够使种子脱落的程度。张开角度还随着空气湿度而变化。再者，种鳞与种子接触处有一突起，限制了种子的脱出。③种子的发芽势弱。实验室试验表明，仅保持种子在发芽皿中的湿润状态而不作其他催芽处理，2 ~ 3 个月中 80% 的种子不萌动。④人为活动的影响。农村房舍离五针白皮松分布地太近，人为活动影响过大，砍伐薪柴后留下的空间被杂草迅速占领，使林下光照不足，幼苗不能正常生长发育。

## 3.4 巧家五针松保护的方向

巧家五针松是云南药山自然保护区的一张王牌，也是巧家甚至云南野生生物资源的代表之一，切实加大保护生物多样性宣传，广泛动员社区群众的参与，使生物多样性保护成为公众的一种理念和社会行为，为巧家五针松保护创造良好的社会氛围。在严格保护巧家五针松天然居群及生境的同时，在已有成果的基础上，以项目为载体，加大与科研院所的合作，进一步探索扩繁途径，探寻巧家五针松幼苗不明病原物根腐病防治、无性繁殖等技术，充分利用种子和其他繁殖材料，提高繁殖效率和扩繁速度，为近地和迁地保护提供苗木保障，不断扩大归化面积，在较短时间内改变巧家五针松极度濒危的局面。

# 专题四　森林文化与生物多样性

## 活动八：调查森林文化与典型植物群落关系

【活动目标】

道教被称为森林宗教。传统道教森林文化的核心是尊重自然，关注环境，注重生态伦理和生态审美实践。从过去到现在，道教森林文化在森林生态环境保护中起到了重要作用。通过对所在地某一道教森林保护区域和该区域内典型植物群落的调查，认识森林文化与生物多样性保护之间的关系，形成尊重传统、保护环境的意识。

【活动方式】

实地调查。

【活动内容】

了解道教生态文化对森林环境的重视程度，对保护和改善森林环境做出的生态实践；从典型植物群落调查入手，加以综合分析，找出群落本身的特征和生态环境、道教森林文化的关系，以及各类群落之间的相互关系。

【活动记录】

________________________________________

________________________________________

________________________________________

________________________________________

【活动启示】

________________________________________

________________________________________

________________________________________

________________________________________

【活动评估】

以小组完成的该地道教森林文化与典型植物群落调查报告作为活动评价的依据，进行小组评价和教师评价。

________________________________________

________________________________________

________________________________________

________________________________________

【背景知识】

生态文明是人类文明发展的一个新阶段，是继渔猎文明、农耕文明和工业文明之后的世界社会伦理化的文明新形态，是人类为保护和建设美好生态环境而取得的物质成果、精神成果和制度成果的总和。实现中华民族的伟大复兴，实现美丽中国梦，必须走生态文明之路。然而，若想在工业文明的生态废墟上创建生态文明，就必须吸收人类自诞生以来世界各种族、各民族、各国家长期积累的生态文化，而生态文化的核心内容之一就是森林文化。

地球总生态系统由千万个子生态系统构成，但主要的骨干支撑系统有 3 个：海洋生态系统、森林生态系统、湿地生态系统。其中森林生态系统是陆地生态系统中面积最多、最重要的自然生态系统。森林是人类赖以生存和发展的资源和环境，是地球上的基因库、碳贮库、蓄水库和能源库，对维系整个地球的生态平衡起着至关重要的作用。

古代人类源于森林，依托森林，靠采集和捕猎为生。农业生产力的发展，使得人类对森林资源的利用更加娴熟，但对森林始终保持敬畏和感恩之心。在这样的发展过程中，人类与森林及其中的动物、植物、微生物发生了化学反应。人类不仅从自然获得了自然资源，而且创造性地提炼了丰富的森林文化，森林生物多样性也因人类森林文化的佑护得以延续。

# 1. 森林文化的内涵与特征

## 1.1 森林文化内涵

国际上对森林文化的研究较早，德国是最早进行森林文化研究的国家。林学创始人柯塔在 19 世纪初出版的《森林经理学》一书中曾指出“森林经营的一半是技术，一半是艺术”。他认为，是森林培育了德国的文化、科学和国民精神。20 世纪后，森林文化的研究和教育在欧洲各国普遍开展。我国现代社会对森林文化的研究，最早可以追溯到 1917 年清华大学卢默生先生关于国门开放后“中国林务对于工业及社会的价值”的论断，而真正对森林文化的系统研究应该源于 1989 年叶文凯先生关于“森林文化若干问题思考——一种被遗忘的价值体系”一文。文中从“森林文化是森林对文明的指示物”“森林文化是森林与文明的溶合物”和“森林文化是森林对文明的催化物”3 个层次对森林文化的价值体系进行了论述。

国内对于森林文化概念的认识主要有以下几种。

叶文凯提出，森林文化是人类凭借森林资源而创造出来的一种价值体系。

蔡登谷认为，森林文化是人们在长期社会实践中，人与森林、人与自然之间所建立的相互依存、相互作用、相互融合的关系，以及由此而创造的物质文化与精神文化的总和。

徐高福等认为，森林文化有广义和狭义之分。广义的森林文化指人类创造的以森林为中心内容的物质文明和精神文明的总和，其中的精神文明可称为狭义的或严格意义上的森林文化。

郑小贤等认为，森林文化是以森林为背景，以人类与森林和谐共存为指导思想和研究对象的文化体系，是传统文化的有机组成部分。经进一步研究，他认为森林文化是指人对森林(自然)的敬畏、崇拜与认识，是建立在对森林各种恩惠表示感谢的朴素感情基础上的，反映人与森林关系中的文化现象。

但新球提出，森林文化是指人类在社会实践中，对森林及其环境的需求和认识以及相互关系的总和。

张福寿则认为，森林文化是人与森林交互作用的产物，包括人类对森林认识、经营过程中产生的各种社会现象，也包括森林对人类认知过程产生的一系列响应，是人与森林之间的一种互动关系。

黎德化认为，所谓森林文化，就是人类在处理与森林关系的活动中所体现出的人类本质特性以及这种特性的自觉表达。

综上可以看出，现在学术界对于森林文化的概念并没有形成统一的认识，也没有给出较官方的定义。但这些不同的概念中也有一些共识，那就是森林文化一定是以森林为载体，且森林文化体现了森林与人的种种关系。因此，本书编者对于森林文化的定义是，森林文化是人类与森林长期相处过程中产生的文化现象，是处理人与森林、人与自然关系时的互动方式的综合反映。

## 1.2 森林文化特征

吴庆刚认为，森林文化具有先进性、渗透性、群众性、基础性、系统性、独特性和复杂性 7 个特征。杨青芝将森林文化特征总结为生态性、民族性、地域性、人文性 4 个特征。

### (1)生态性

森林文化的生态性是森林文化最显著的特征之一。生态性即从生态学出发，协调自然与人之间的关系。从目前全球性生态危机看，森林的破坏是一个极其重要的原因，占有举足轻重的地位。科学家断言，假如森林从地球上消失，陆地上 90% 的生物将灭绝；全球 90% 的淡水将白白流入大海；生物固氮将减少 90%；生物放氧将减少 60%；同时将伴生许多生态问题和生产问题，人类将无法生存。森林文化无论从物质层面、制度层面还是精神层面，都将为生态危机的解决提供保障和支持。

### (2)民族性

森林文化的民族性指不同民族在认识和利用森林过程中表现出的不同森林背景和不同文化品位。很多少数民族处于不同的历史背景和山地森林环境，其宗教、风俗、习惯、情趣、生活方式和生产方式在表达上显现出个别性和差异性。正是这种个别性和差异性，造成了森林文化的多样性和丰富性。在西方森林文化中，认为树木是一种不可理解的超越自然的物体，从而产生出对树木的敬畏和崇拜，无论在宗教、神话还是民间传说中，都给树木赋予了神的光环。如美索不达米亚平原的苏美尔人把宇宙看作从海洋中生长出的巨大无比的树木。中国森林文化中也有树木敬畏和树木崇拜现象，但与西方浓厚的树木神学色彩不同，而是具有浓郁的民族特色和现实的人文色彩，如重人世而不重仙界的人文情结，中国人往往更看重的是森林的物质价值和审美价值。

(3)地域性

森林文化的地域性，包括所在地民族特质，更多的是体现这一地域的地理和气候的特征。如日本典型的森林文化有照叶林文化和枹栎森林文化，俄罗斯有白桦林文化。中国版图辽阔，森林类型多样。北方和南方，干旱和湿润，山地和海岛，各有不同类型的森林分布，从而显示出不同地域森林文化的特征。福建、广东、台湾、沿海一带，广植榕树，城乡榕荫，随处可见，当地人对榕树特别崇拜，形成崇榕文化。海南以椰树为对象，椰树、沙滩、大海，构筑椰树文化。南方的林区如闽西北、湘西南、桂西南等杉木用材林区，植杉、护杉、用杉，并有“女儿杉”习俗，呈现的是杉文化。与南方的杉文化、棕榈文化、榕文化不同，北方是以柏文化、槐文化、柳文化为主。大家熟知的孔林、孟母林、关林等基本都由柏树组成。东北地区是红松故乡，沿袭的是红松文化。在东北大兴安岭地区，住桦皮屋，划桦皮船，用桦皮桶，形成有浓郁地方色彩的白桦文化。在其他地域，还有梅花文化、桃花文化、茶文化、竹文化、漆文化和枣文化等。

(4)人文性

森林不仅对人类有巨大的经济价值，有可直观感知的美学价值，还具有深厚的人文精神借鉴价值。森林文化的人文性，指以森林为载体所表现的人文精神。此时的森林已不单指一般物质的概念，而是融入人类精神的一个文化符号。如以松柏象征挺拔独立，四季常青，以竹比喻虚心劲节，刚直不阿，以梅表征凌霜傲雪、独步早春，以榕叙述憨厚慈祥、从容大度。此外，胡杨的宁死不屈，凤凰木的热烈奔放，玉兰的素洁飘逸，柳树的婀娜多姿，桑梓的厚实稳定，木棉的新奇瑰丽，等等，集中体现森林的独立、坚韧、包容、固守、协作等精神内涵。这些森林中的群体或个体，都能通过人的情感寄托与艺术的加工而成为具有人文精神和人格力量的象征物或环境客体，展现了森林文化的人文性。

## 1.3 森林文化理论形态

森林文化理论主要涉及森林哲学、森林伦理学和森林美学等，这些理论是研究和学习森林文化的基础。

### 1.3.1 森林哲学

(1)森林哲学的研究对象

森林哲学以生态世界为研究对象，研究生物、生命、生态、生物链、生态位、生物圈，也称生命哲学，属应用哲学，强调特殊性，是传统哲学研究物质、运动的具体化。

(2)森林哲学的主客体关系

森林哲学认为，自然是主导、主体，人类是由自然派生的，是第二位的。森林哲学强调的不是“人类与自然”的关系，而是“自然与人类”的关系，是主体间性哲学或整体性哲学。自然是本、本体，人类是末、现象，森林哲学以自然为本，传统哲学以人为本，但两者殊途同归。

**(3) 森林哲学的认识路径**

森林哲学继承了传统哲学的二分法，同时还讲三分法，一分为三；讲多分法，一分为多。承认物质的多样性、社会的多样性和生物的多样性。没有多，无法解释多种经营模式、多种所有制结构、多树种造林和现代多功能林业。但二分法、三分法、多分法最终要归一，成为一个系统。用系统的方法，解释林业问题。一元太极，二元对立，涵三盖一，多样统一，系统方法，这便是森林哲学。

**(4) 森林哲学的基本范畴**

森林哲学描述生命和生态，既强调生、有形的、看得见的一方面，还强调死、否定、清除和循环的另一面。这就是“〇”这一森林哲学的基本范畴。任何数乘以 0 都等于 0。因此，“〇”是对任何数的否定和清除，呈现一个无形和看不见的世界。在生态领域，正因为有“〇”的分解和清除这一环节，不断让出生态位，才使万物生生不息。“〇”的第二层含义是循环，从起点到终点的圆圈，自然界的消消长长，生生死死的循环，自然万物不断更生和创新。无中生有，有是从无、从“〇”、从“空”中产生的。否定—肯定—否定，死—生—死。“〇”在其中起到了不可替代的作用。当下经济社会出现的诸多问题，正因为缺乏良性循环这一中间环节。21 世纪的关键词是循环，循环经济、循环社会是未来的基本方向和模式。

**(5) 森林哲学的评判标准**

森林哲学认为，自然的方向和生态的方向决定了人类的方向。以人类为中心不是唯一的标准，以生态为中心才是最终标准。好的生态最终有益于人类，为人的目的而服务。因此，以生态为中心，这是人类安身立命之本。把生态保护好，就什么都有了。

**(6) 森林哲学的功能定位**

传统哲学认为，学习哲学，不仅在于解释世界，更重要的在于改造世界。传统哲学强调人的主观能动性，把改造世界、把自然界人化或人工化看成是哲学的主要定位。森林哲学则相反，认为人类对自然的改造不但要遵守自然规律，还要受到自然阈限的限制。这就是说，不是一切自然界的东西都应人工化。如天然林、自然保护区、湿地、荒野、冰川，等等，则不能触动。本底资源是不能触动的。除商业性森林外，还包括生态公益林、城市森林、森林公园等，只能在整体保护下进行若干改造。自然是本底、基础和根基，人工只是由自然派生的一种产物。七分自然，三分人类。没有人工不行，但什么都人工化，人类离世界末日也就不远了。

**(7) 森林哲学的遵循法则**

现代社会主要遵守价值规律，发挥市场在资源分配中的基础性作用，讲效率、效益和速度。森林哲学则认为人类应当遵循生态法则，顺其自然。“当人类按主观愿望安排自然时，自然未必这样想。”不能求快，不能走捷径。人工林树种单一、生态脆弱，显示人类的浮躁和浅薄。相反，天然林树种多样、结构稳定，显示自然的厚德载物。自然按既定轨迹运行，虽然速度缓慢，但创造出生物圈，创造出生物多样性，创造出人类。自然是真正的大师，人类只是工匠。自然能制定规律、规则、标准，从某种意义上讲，人类只是自然的模仿者和守望人。

#### (8)森林哲学的观察视野

传统哲学注重物质世界，关注技术圈。随着经济的全球化，地球越来越小，整个地球可以看作一个村庄。但森林哲学关注生命万物，认为随着人类社会生产力的不断发展，人类愈来愈感到仅仅关心和关爱人类全体是不够的，人类共同体必须向动物世界、生物世界和生态世界延伸。也就是说，当地球村越来越小，生命共同体则越来越大。这是森林哲学与传统哲学的一个很大不同。人类生活在四个世界中：在物质世界，以人为本，实行人道主义；在动物世界，实践动物解放论和权利论，实行兽道主义；在生物世界，实行生物中心主义；在生态世界，实行生态中心主义、大地伦理学和深层生态学。人类不能单独生活在物质世界，生活在技术圈内，还要关爱动物，但又不能过于亲近；要关心生物，又要保持一定距离；要呵护生态，又不与之等同。这就是人类的态度，也是森林哲学与传统哲学的差异。

#### (9)森林哲学的终极目标

森林哲学既看到生态系统中捕食和被捕食间的竞争、优胜劣汰，也看到生物间的相互妥协与和解。与其不让对方活着，不如让大家共同生存，这就是自然界共生法则。这就是“和”的哲学。森林哲学是和的哲学，既“和而不同”，讲究生物多样性；又“和实生物”，讲究生态的整体性。这是森林哲学的目标。竞争是手段，和谐才是目标。今天，我们对内提出和谐社会，对外提出和谐世界。正如季羡林所说，“和谐”这一伟大理念是中华民族送给世界的一个伟大的礼物，希望全世界都能够接受我们这个“和谐”概念。

### 1.3.2 森林伦理学

#### (1)基本问题

生态伦理学作为伦理学的一个应用性分支，主要揭示环境或生态道德的本质及其建构规律，随着工业化的破坏性发展而广受关注。它以“生态伦理”或“生态道德”为研究对象，从伦理学的视角审视和研究人与自然的关系，要求人类将道德关怀从社会延伸到非人的自然存在物或自然环境，呼吁人类把人与自然的关系确立为一种道德关系。

在生态伦理学的研究中，关于土地伦理、森林伦理、河流伦理等方面的研究最多。森林是地球陆地上最重要的生态系统，在人类与森林背离的今天，人们越来越认识到森林的重要性。古代“万物有灵论”和“自然有机论”的思想形成了原始的森林伦理主张；近代“明智利用”的森林伦理原则为森林经营管理提供了标准；以大地伦理学、深层生态学和自然价值论为代表的现代西方伦理思想，为探究森林新问题提供了深厚的理论基础。

**(2)森林伦理学的理论基础**

①大地伦理思想 大地伦理思想是森林伦理思想发展的基础。20 世纪 30 年代，生态学的发展促进了人类对森林的伦理思考，进一步扩展了共同体的观念：从人类共同体延伸到非人类共同体，乃至整个大地。1933 年，美国生态学家、近代生态伦理学之父利奥波德在《保护伦理》论文中明确提出，大地有持续存在的权利。而后他又在《沙乡年鉴》(1949)一书中系统地提出了大地伦理，其中建构了整体论的生态伦理方法论，把包括土壤、水、植物和动物在内的一切存在视为大地共同体的平等一员和公民，它们都有持续存在的权利，或者在自然状态下的权利。利奥波德的"大地伦理学"对环境伦理学具有划时代的贡献。大地伦理学的理论结构由自然生态观、生态整体主义方法论和生态伦理规范 3 个部分组成。

②深层生态学 深层生态学于 1973 年由挪威哲学家阿伦·奈斯提出。深层生态学将生态学发展到哲学与伦理学领域，提出生态自我、生态平等与生态共生等重要生态哲学理念。尤其是以人与自然平等共生、共在共容的内涵为主要内容的生态共生理念更符合当代价值判断。

深层生态学思维方式的特点是：特别重视多样性，包括风格、行为、物种、文化的多样性；认为人类成熟是从"小我"到"大我"的发展；高层次的自我实现只能以朴素的生活作风为途径。

深层生态学提出了以下基本观点：

A. 地球上人和人以外的生物的繁荣昌盛有其本身的价值(或内在价值)，不取决于其是否能够为人所用；

B. 生命形式的丰富多样有助于这些价值的实现，而其本身也是一种价值；

C. 除非出于性命攸关的需要，人类无权减少生命形式的丰富多样性；

D. 人类生活和文化繁荣与人口的实质性减少是一致的；

E. 人类对外部世界的干扰超过了限度，而且情况迅速恶化，因此必须改变政策；

F. 意识形态的变化主要是力求提高生活质量，不是力求提高生活标准；

G. 同意以上各点的人有责任促进必要的变化。

③自然价值论 在奥波尔德的"大地伦理"、泰勒的"固有价值"等西方环境伦理思考之后，罗尔斯顿明确地提出了"自然价值"的概念并进行了系统的论证。其主要内容有：

A. 自然中的价值是中立的，客观地存在于自然之中，自然及其万物的价值不是人类给予的；

B. 无论从个体层面还是整体层面，自然的客观价值是一种不依赖他者目的的内在价值；

C. 自然具有工具性价值、内在价值和系统价值 3 种价值。

自然价值理论的提出是对传统价值观的一个巨大挑战，涉及价值的来源、根据和尺度问题。罗尔斯顿的自然价值论体现了一种新的哲学范式，突破了传统的事实与价值截然两分的观念，从价值导出道德，将道德哲学与自然哲学紧密结合；创建了系统价值的概念，突破了传统的价值主客二分性，建构了生态系统主义世界观；将环境伦理理论融入实践，探讨了环境伦理学与现实生活相结合的具体途径，这为世界的可持续发展尤其是我国的科学发展观的实现提供理论支持。

**(3) 森林伦理思想的价值思考**

20 世纪以来，自然生态经历了两次世界大战的摧残和现代工业社会的极大冲击。人类痛定思痛之后，对现代科学技术、工业生产方式、生活方式都开始反思，并进行生态研究和实践，森林伦理思想也随之进入理论化、系统化和多样化发展的轨道。目前，具有代表性的观念主要有人类中心论、非人类中心论和人与自然协同进化论。但最终森林伦理研究的出发点、最终目的和评价标准，不是人类中心论和非人类中心论，而是人与自然的协同进化论。

人类中心论的森林伦理思想，是人类中心主义的环境伦理学的组成部分。人类中心主义的森林伦理思想主要有两种：一种是墨迪人类中心主义的现代观，另一种是诺顿强化的人类中心主义和弱化的人类中心主义。人类中心主义的森林伦理基本上是人类伦理，森林的价值几乎完全由森林在市场和人类社会体系中的分量来决定。在这种伦理体系中，森林只有满足人类的价值，没有满足其自身生存和健康的价值，人们也不从森林本身的内在价值来考虑人与森林的关系。

非人类中心论的森林伦理思想认为，森林生态系统中存在自然“道德”。自然“道德”的主体是森林，它们具有内在价值，值得人类尊重，而且人作为森林生态系统、生物圈和生态过程中的有机组成部分，其行为也应该遵守生物共同体的行为。具有代表性的理论主要有施伟兹的“尊重生命的伦理学”、辛格和雷根的“动物解放论”、泰勒的“尊重自然的伦理学理论”、利奥波德的“大地伦理学”、福图玛等人的“协同进化论”、拉弗洛克的“盖娅智慧—生物圈伦理学”和塞欣斯的“深生态学”等。这种思想方法的基点是把森林的原发自然性看作是至高无上的，强调森林的自然性，否认任何人类的干预。

人与自然协同进化论是 20 世纪 60 年代以来，学者们在对人类中心主义和非人类中心主义伦理观念提出质疑后，产生的一种折中主义的理论。这种新的把人作为自然组成部分的协同进化的生态学说，是新世纪关于可持续发展的理论，是森林伦理思想的重要基石，其伦理的核心是建构人与自然相互依存、相互作用的关系伦理。

## 1.3.3 森林美学

美学从其创立到现在不过 230 多年的时间，美学是研究人对现实的审美活动的特征和规律的科学。森林美学是美学研究的重要组成部分，主要研究人对森林审美规律的理论。研究内容包括作为审美客体的森林美的本质、特征，森林美的类型、构成；审美主体对森林的审美感受，审美心理特征，森林美的欣赏，美育；森林美的创造、开辟和保护等。

### 1.3.3.1 森林美学的发展史

**(1) 森林美学思想的酝酿**

森林美学思想的萌芽可以上溯到 18 世纪。当时，德国由于受到正在英国兴起的风景园林的影响，出现了作为享乐的园林艺术向林业上的推移现象。1791 年，英国出版了

Wiliam Gilpin 的《森林风景论》，专门论述了森林风景的构成和美的特征，为森林美学提供了最初的思想材料。

1824 年，德国著名林学家 V. D. Borch 在他主编的《森林》杂志上开始发表有关森林美的文章，试图对森林美化给以规范。1830 年，他又发表了《森林美论》一文，重点批驳了经济主义至上者对其观点的批评，认为施业林的经济要求和美的社会效益是一致的，并提出“森林美论”应该作为一门应用美学进行建设。

Gottlob Konig 是与 Borch 同期的林学家和林务官，他在晚年著有《森林抚育》一书。其中专门写了“森林美化”一章，他以自己的实践经验总结了森林美化的方法，并指出森林美的重要意义。他和 Borch 一起作为森林美学的先驱，在森林美学史上占有重要地位。

1855 年，德国近代著名林学家 Burckhardt 创作了《播种和植树》一书。其中设了“森林美化”一章，继承和发展了 Konig 的思想，是森林美学史上的重要文献。随后，Prediger 和 Thormahlen 都曾写过《森林美论》，其基本观点和 Burckhardt 一致，另外还特别讨论了森林向公众的开放问题。另有几名德国学者也从森林效益、森林美的意义、森林风景保护区方面进行了研究。

### (2)森林美学的创立

森林美学作为一门科学，是由德国林学家 V. Salisch 创立的。V. Salisch 出生于名门望族，毕业于山林学校，做过短期林务官，28 岁时辞职回家经营祖上的邑地。他在波斯太尔建造馆邸、教堂，购买大片森林并亲自管理。他在该林区 $700hm^2$ 的林地上，实行了独特的间伐法，进行美化试验。1885 年，在继承前人森林美学思想和总结自己实践经验的基础上，写成《森林美学》一书，并在柏林出版，标志着森林美学作为一门独立学科的诞生。

《森林美学》分为上下两篇。上篇是基础理论，即森林美论。下篇是森林美学理论的应用，即森林美的创造，有人把这一部分称作“森林艺术”，该部分无论从内容上还是从分量上看，都在其学说体系中占有极其重要的地位。《森林美学》一书的问世，使森林美学思想实现了突破性飞跃。

### (3)森林美学的新发展

从 V. Salisch 森林美学学说的发表到 20 世纪初，森林美学的理论发展又进入了一个新的阶段。一方面，由于对《森林美学》的评介、争论、批评和反批评，带来了森林美学知识的普及与发展。另一方面，由于资本主义工业的迅速发展，城市人口急剧增加，造成严重的环境污染、生态破坏，从而掀起自然保护运动，人们渴望大自然的复归，又给森林美学的发展造成了良好的时代契机。

进入 20 世纪，森林美的创造又出现了新的面貌，表现出新时代的特征。以自然式(和规则式相对)处理施业林，以达到森林经济目的和美的要求的统一，成为明显的趋势。其代表人物是德国的 Buhler 和 A. Moller。Buhler 著有《建立在科学和实验基础上的造林学》一书，他认为保持森林自然状态的方法就是森林美化的主要手段，就是保护和创造了美。A. Moller 先后发表了《森林美学要求和经济要求的统一》《恒续林和森林美学》等著作和论文。他从恒续林思想出发，认为林学家从事的森林艺术活动对于林业的关系，就像建筑艺术之于建筑业的关系一样，它能使林业达到高度完善的目标。这就是把森林生长发育的自然规律和森林的经济要求及美的要求结合为一体的森林艺术活动，是一种自由的创造性劳动。它会给人带来愉快和自豪，是一种艺术创造。

### 1.3.3.2 森林美及其特征

森林不是林木个体的机械组合，而是由林木、林地以及与其互相作用的其他植物、动物、微生物、气候等因素组成的有机体。这些森林自然物的形象、自然属性正是构成森林自然美的物质基础。森林分为未经开发的原始森林和根据不同目的进行人为干预的人工林。前者完全以其原始状态的崇高博大的形象使人观察到群体生命自由运行的规律；后者则表现了人对自然规律的掌握和合目的性的创造，它不但内容上符合实用功利目的，而且在形式上提高了森林自然美的质量，这正是森林美的本质所在。

森林美具有自然美的一切特征，但又有其自身的特殊性，表现为以下几点：

#### (1)规模性和交融性

森林规模宏大，既可外赏，又可内观，内外景观不同；既是欣赏对象，又是欣赏环境，主体、客体、环境和谐统一。作为观赏对象，森林规模是巨大的，人的视野往往不能囊括其整体形象。在林外，登高远望其外貌，苍苍林海，巍巍壮观；入其林内，仰视才见高大树冠，平视望不透林木群体，茫茫无际，深幽莫测。作为欣赏环境，人在其中游览移动，人在森林环境中感受森林的美，森林环境包裹着主体，主体又观察着森林物象，三者交融作用。

#### (2)易变性和多样性

同一片森林，树龄不同，森林面貌就不同。一般来说，幼龄树和壮龄、老龄树相比，审美价值要低；同龄林木，由于季节的变化，也会造成春、夏、秋、冬面目迥异的林相。就是同一树龄、同一季节，在不同的气象条件下，森林形象也是不同的。阴、晴、雨、雪、风、霜、雾、霭，晨昏、四时等的变化，森林的情态、意境也会截然不同。另外，随着游人视点移动，会出现不同风景画面，就像欣赏电影艺术那样，看到的是一个动态的森林风景序列。

#### (3)象征性和功利性

森林美是以绿色为基调，并有着复杂结构的特殊生命世界。在大地的母体上，聚集养育着众多以森林为主体的绿色植物，而绿色植物又养育着森林动物，它们协调共处，生生不息。这种和人生意义相契合的自然物质环境，正是人类社会的写照，也是森林美的魅力所在。虽然个人审美是无功利的，但人类利用森林含有功利性。森林被称为“绿色的金子”，它不但为人类提供木材和其他林副产品，还能平衡生态、保护水土、调节气候、净化空气，从而起到卫生保健等作用。正是这种森林本身造成的特殊的欣赏环境，对审美主体和审美客体起到了协调作用，从而加深了美感效应。

### 1.3.3.3 森林美的表现形式

从森林美的构成因素看，森林美表现为植物美、动物美、山水美。从森林美的规模划分，森林美表现为个体美、群体美和整体美，如一棵历经千年的古树，一群美丽的梅花鹿，一片神奇的原始森林。从森林美的特质出发，森林美表现为色彩美、声音美、形体美、神韵美。森林美的特质表现形式重点介绍如下。

(1)色彩美

色彩是形式美的主要因素。树叶的颜色常因树种的不同而呈现不同的色相、明度和彩度，同一片树叶的颜色也会随季节或生命阶段的变化而变化。大多数树叶的颜色是绿色，但也有少数的红色、紫红色、红褐色等浓艳色彩。就绿色而言，又有深绿、浅绿、灰绿、蓝绿、黄绿之分。作为森林地被植物的野花，常常有红、黄、蓝、白、紫、杂色等色彩，五彩缤纷的花朵，点缀林间，更显得色彩斑斓。在森林内，树干的质地和色彩也能对视觉产生很大影响，所以树干的颜色、斑纹和质地也是构成森林色彩美的重要组成部分。如成片的白桦树树皮粉白，令人赏心悦目；青杨的树干，纹理细嫩光滑，颜色青绿，使人感到亲切而有生气。除了林木植物本身的固有色彩，气象因子色彩的参与也使其色彩更加生动，如大雪中的青松和红梅，使得林木与雪景相映成趣。除了植物，很多动物也有悦人的色彩，如形态丰富、羽毛绚丽的各种鸟类，色彩斑斓的蝴蝶等各式昆虫。

(2)形体美

植物、动物、山水都会产生形体美。从外面远眺森林，起伏变化的林冠线勾画出来的线条，产生自然灵动的林韵。在林地内部，则能看出林木个体形态的丰富性。树木都有其固有形态，乔木树冠有球形、半球形、圆柱形、圆锥形、杯状、卵形、不规则形、垂枝形等；灌木又有扇形、匍匐状、蔓状等；乔木树干多是直立单干，但也有双干、斜干、曲干等；树枝形态有水平向的，上斜和下斜的，波状的、下垂的等；叶的形态更是多姿多彩，千变万化，总体可分为针叶和阔叶，阔叶有单叶、复叶之分，而单叶叶形又有圆形、椭圆形、圆方形、心形、扇形、披针形、马褂状、带状、羽状等。同一种树，由于生长环境、生长阶段不同，也能形成不同的树形。风、雪等外力的作用，会塑造别致的树形。形态千变万化的山石，有的雄伟险峻，有的秀丽幽静，有的峰岭连绵，有的山石奇特。如湖南张家界就因姿态万千的石柱闻名于世。

(3)声音美

鸟类是森林中最使人悦目、娱耳、赏心的动物，鸟的鸣叫历来就被看作美的声音，被人类以口技、器乐所仿真。林中昆虫是另一种大自然的音乐家，林中辛勤采花嗡嗡作响的蜂群，夏日山林遍野此起彼伏的蝉声，秋夜悠长的虫鸣，都会给人留下难忘的美好记忆。另外，还有猛兽的嘶吼，雨后的蛙鸣。除了动物，山林中泉、溪、瀑布的水声，林木被风、雨吹打形成的涛声，也给人另一种美感。

(4)神韵美

森林中的物象往往产生一种韵味、灵气，可以激发人的情感想象，这种韵味给人的感受有时远远超出了人对具体物像的反映。如松树，树体高大壮观，绿色针叶经冬不凋，老松横枝凌空、苍劲挺拔，特别是在大雪之后，雪压青松，具有一种高洁的神韵，常令人产生崇高的美感并浮想联翩。林中山水相依，如同雄壮的男子与婉约的姑娘，相生相伴。山泉小溪、飞流瀑布，给人以自由欢快的美感。瀑布历来受到诗人画家的青睐："日照香炉生紫烟，遥看瀑布挂前川，飞流直下三千尺，疑是银河落九天。"山水林的完美结合，总会给人类留下无限遐想的空间。

#### 1.3.3.4 森林美的欣赏

美感是由客观对象的审美属性所引起的主体情感上愉悦的心理状态，是包括感受、知觉、想象、情感、思维等心理功能在审美对象的刺激下交织活动形成的心理状态。人对森林的审美感受是人在森林美的属性刺激下，产生的一种愉悦的心理状态。在森林审美活动中，人们既可以得到悦目、娱耳、赏心、怡神的美感享受，又可得到性情和道德情操的陶冶，提高精神境界。

人们不同的社会实践、生活方式、社会地位、政治经济利益、文化教养以及心理状态等，会造成人的审美观点、审美标准和审美能力的不同。因而，对同一审美对象往往也会产生美感差异。

#### 1.3.3.5 森林美的创造

森林美的创造，就是人们根据自己对森林风景的审美要求，美的法则，按照森林有机体的生长发育规律和森林的经济效益、社会效益等目的要求所进行的创造和改造、美化森林景观的实践活动。森林美的创造也带有艺术创造的性质，所以有人称其为森林艺术。

森林美的创造应当根据森林的不同类型和不同目的要求进行具体分析。总的来说，要考虑以下 4 个方面的问题：第一，森林的自然生长规律是森林美化的首要条件；第二，森林美化注意突出和开发自身的自然美，切忌森林的庭园化和公园化；第三，森林美化应根据森林的不同类型采取不同美化措施；第四，森林美化应当考虑欣赏者的因素，既考虑一般人的要求，又考虑到群体差异。

## 1.4 森林文化表现形式

森林文化涵盖内容广泛，包括技术领域的森林文化和艺术领域的森林文化两大部分。技术领域森林文化是指人类在开发利用森林过程中积累的文化资本，多为生产性文化现象，如造林技术、培育技术、采伐技术、相关法律法规、森林计划制度、森林利用习惯等。艺术领域的森林文化是指反映人对森林的情感、感性的艺术形态表达，多为生活性文化现象，如诗歌、绘画、雕刻、建筑、音乐、文学等艺术作品。以下重点介绍艺术领域的几种代表性森林文化。

### 1.4.1 森林诗歌

森林中的一切自古便是文人雅士灵感的源泉，我国古代诗词歌赋中有大量诗句与动物、植物有关。这些诗句或借物咏志，或睹物思人，或触景生情。近现代直至当代也有大量描写森林的诗歌、散文。在这些诗词中，以"松""梅""竹""柳""桃""菊""荷"最常见。

**(1)有关松树的诗句**

何当凌云霄，直上数千尺。——李白《南轩松》

流而不返者，水也；不以时迁者，松柏也。——苏轼《送杭州进士诗叙》

霜皮溜雨四十围，黛色参天二千尺。——杜甫《古柏行》

人生不得为松树，却遇秦封作大夫。——李涉《题五松驿》

凛然相对敢相欺，直干凌云未要奇。根到九泉无曲处，世间唯有蛰龙知。——苏轼《王复秀才所居双桧二首》

自小刺头深草里，而今渐觉出蓬蒿。时人不识凌云木，直待凌云始道高。——杜荀鹤《小松》

寒暑不能移，岁月不能败者，唯松柏为然。——苏辙《服茯苓赋叙》

梧桐真不甘衰谢，数叶迎风尚有声。——张耒《夜坐》

君不见拂云百丈青松柯，纵使秋风无奈何。——岑参《感遇》

松柏本孤直，难为桃李颜。——李白《古风》

落落盘踞虽得地，冥冥孤高多烈风。——杜甫《古柏行》

偶来松树下，高枕石头眠山中无尽日，寒尽不知年。——贾岛《松下偶成》

岁老根弥壮，阳骄叶更阴。——王安石《孤桐》

青松寒不落，碧海阔愈澄。——杜甫《寄峡州刘伯华使君四十韵》

松树千年朽，槿花一日歇。毕竟共虚空，何须夸岁月。——白居易《赠王山人》

白金换得青松树，君既先栽我不栽。幸有西风易凭仗，夜深偷送好声来。——白居易《松树》

大夫名价古今闻，盘屈孤贞更出群。将谓岭头闲得了，夕阳犹挂数枝云。——成彦雄《松》

不露文章世已惊，未辞剪伐谁能送。——杜甫《古柏行》

兰秋香不死，松晚翠方深。——李群玉《赠元绂》

松柏何须羡桃李。——冯梦龙《警世通言·老门生三世报恩》

大雪压青松，青松挺且直。——陈毅

寄言青松姿，岂羡朱槿荣。——皇甫松《古松感兴》

**(2)有关梅的诗句**

疏影横斜水清浅，暗香浮动月黄昏。——林逋《山园小梅·其一》

不经一番寒彻骨，怎得梅花扑鼻香。——黄蘖禅师《上堂开示颂》

墙角数枝梅，凌寒独自开。——王安石《梅花》

梅须逊雪三分白，雪却输梅一段香。——卢梅坡《雪梅·其一》

冰雪林中著此身，不同桃李混芳尘。——王冕《白梅》

江南几度梅花发，人在天涯鬓已斑。——刘著《鹧鸪天·雪照山城玉指寒》

驿外断桥边，寂寞开无主。——陆游《卜算子·咏梅》

寻常一样窗前月，才有梅花便不同。——杜耒《寒夜》

雪虐风饕愈凛然，花中气节最高坚。——陆游《落梅》

姑苏城外一茅屋，万树梅花月满天。——唐寅《把酒对月歌》
陌上风光浓处，第一寒梅先吐。——李弥逊《十样花·陌上风光浓处》
数萼初含雪，孤标画本难。——崔道融《梅花》

(3)有关竹的诗句

新竹高于旧竹枝，全凭老干为扶持。——郑燮《新竹》
斑竹枝，斑竹枝，泪痕点点寄相思。——刘禹锡《潇湘神·斑竹枝》
山际见来烟，竹中窥落日。——吴均《山中杂诗》
西窗下，风摇翠竹，疑是故人来。——秦观《满庭芳·碧水惊秋》
掩柴扉，谢他梅竹伴我冷书斋。——沈自晋《玉芙蓉·雨窗小咏》
庭下如积水空明，水中藻、荇交横，盖竹柏影也。——苏轼《记承天寺夜游》
凭阑半日独无言，依旧竹声新月似当年。——李煜《虞美人·风回小院庭芜绿》
过江千尺浪，入竹万竿斜。——李峤《风》
林断山明竹隐墙，乱蝉衰草小池塘。——苏轼《鹧鸪天·林断山明竹隐墙》
夜深风竹敲秋韵，万叶千声皆是恨。——欧阳修《玉楼春·别后不知君远近》
竹径通幽处，禅房花木深。——常建《题破山寺后禅院》
竹竿有甘苦，我爱抱苦节。——孟郊《苦寒吟》
历冰霜、不变好风姿，温如玉。——陆容《满江红·咏竹》
种竹淇园远致君，生平孤节负辛勤。——王汝舟《咏归堂隐鳞洞》
性孤高似柏，阿娇金屋。——陆容《满江红·咏竹》
竹树无声或有声，霏霏漠漠散还凝。——杜荀鹤《春日山中对雪有作》
擢擢当轩竹，青青重岁寒。——吕太一《咏院中丛竹》
迸箨分苦节，轻筠抱虚心。——柳宗元《巽公院五咏·苦竹桥》
竹怜新雨后，山爱夕阳时。——钱起《谷口书斋寄杨补阙》
归来三径重扫，松竹本吾家。——叶梦得《水调歌头·秋色渐将晚》
细读离骚还痛饮，饱看修竹何妨肉。——辛弃疾《满江红·山居即事》

## 1.4.2 森林建筑

竹、木等都是房屋建造和其他结构中最古老的建筑材料，作为品质优良的建筑材料，竹木建筑在世界范围内都非常普遍。我国运用竹木建筑的历史非常悠久，现在还有一些生产生活与森林密切相关的少数民族，仍然在广泛使用这样的建材。

(1)竹建筑

据现代资料记载，全世界有竹类70余属1 200余种，我国竹子有39属500多种。丰富的竹种资源，加上竹子生长快、繁殖力强，为竹制建筑提供了丰富的原料。其中，巨龙竹、龙竹、毛竹等均为较好的建筑材料。竹子在亚洲和南太平洋地区应用非常广泛，可以用来建造屋舍、亭台、桥梁等。在中国，竹子在云南傣族地区最为常见。在国外，以印度尼西亚、越南等国竹子的应用最具代表性。

中国云南傣家竹楼为杆栏式的建筑，造型美观，外形像个架在高柱上的大帐篷。竹楼是用各种竹料或木料穿斗在一起，互相牵扯，极为牢固。楼房四周用木板或竹篱围住，堂内用木板隔成两半，内为卧室，外为客厅。楼房下层无墙，用以堆放杂物或饲养禽兽。竹楼具有冬暖夏凉、防潮、防水、防震等特点。楼室高出地面若干米，潮气不易上升到室内，水也不会淹到楼室。竹楼为四方形，楼内四面通风，夏天凉爽，冬天暖和。

除了传统竹建筑，颇具现代时尚气息的竹建筑在印度尼西亚、越南等国也开始出现。印度尼西亚日惹的竹子教堂、巴厘岛绿色校舍、雅加达巨型竹伞、越南河内竹之翼、越南水与风咖啡馆、越南河内鸟形剧场、哥斯达黎加竹屋等建筑无不体现了竹子的力与美，体现了人与自然的和谐(图 4-1 至图 4-8)。

图 4-1 越南河内竹之翼

图 4-2 印度尼西亚日惹的竹子教堂

图 4-3 印度尼西亚巴厘岛世界上最大的竹制建筑

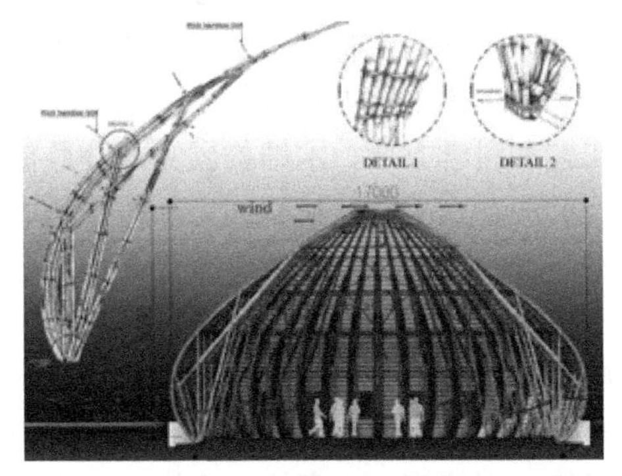


图 4-4 越南水与风咖啡馆

图 4-5 巴厘岛绿色校舍

图 4-6 哥斯达黎加竹屋

图 4-7 雅加达巨型竹伞

图 4-8 越南河内鸟形剧场

(2)木建筑

森林为人类提供的最直接、最大的一个贡献便是木材，木材有多重用途，其中用作建筑自古有之。全世界约有裸子植物 800 余种；被子植物 25 万种，我国约有 25 000 种，其中木本植物 8 000 多种。许多树种都是优质建材，有些是非常珍贵的建筑材料，如黄花梨、鸡翅木、红木、榉木、楠木、桦木、柏木、樟木等。

木材作为建筑材料，有着悠久的历史。现在发现的最早的木构架建筑遗址是浙江余姚河姆渡遗址当时干栏式建筑的遗存，至今已有 6 000 多年的历史；西安半坡遗址发现的木骨泥墙建筑至今有 5 000 多年的历史。中国木结构古建筑有两大主要特色：一是数千年来始终保持以木料为主材；二是木柱和木梁组成的木构架体系为主要结构体系。台基、木梁架屋身和屋顶是中国古建筑的 3 个基本要素，其中屋顶是最美、最有特点的部分，而在技艺、工艺和科学方面，木结构屋身部分最登峰造极，木作技术在科学和美学两方面都取得了巨大的成功。故宫紫禁城的太和殿，是中国最高等级的历史建筑。另外，建于唐建中三年(782 年)的山西五台山南禅寺和佛光寺是我国现存最早的唐代大件木结构古建筑。还有始建于辽代的山西应县木塔，虽历经千年风雨、地震和战火，却依然挺立。

除了古代宫廷、寺庙木建筑，干栏式木楼也是一种非常古老的民居建筑形式。这种建筑形式是居民为了适应本地特有的自然地理环境而发展起来的民居形式，目前在中国壮族、傣族、布依族、土家族、傣族、布依族、侗族、黎族、普米族、纳西族等少数民族传统建筑中都可见到。云南地区纳西族、怒族、普米族等民族的木楞房是干栏式建筑的一种典型代表。

纳西族的木楞房以圆木为材料，平齐长度，两端砍出接口，首尾相嵌，构成四面墙体。然后再架起檩条，铺上木片瓦，压上石块，在墙体圆木间的缝隙抹上牛粪或泥，以避风寒。泸沽湖畔的木楞房多由四排房屋组成大小不等的四合院，正房是家人就餐、起居、储存粮食和杂物的地方，左边是经堂，右边是畜厩，对面是一幢两层楼的房屋，楼上分为若干间小屋，是成年男女与“阿夏”(情人)偶居的地方。

普米族的房屋多为木结构，正房一般长 6.5m、宽 3m，四角立有大柱，中央立一方柱，称“擎天柱”(普米语称“三玛娃”)，被认为是神灵所在的地方。屋脊架“人”字形横梁，用木板或瓦盖顶。四周墙壁均用圆木垒砌而成。这种房子俗称“木楞房子”或“木垒子”。一般分上下两层，上层住人，下层关牲畜或堆放杂物。

云南贡山一带的怒族最早的木楞房墙体一般用圆木相叠而成，墙体的 4 个角交叉处用刀砍出槽或用凿子凿成榫，将其穿牢固，造成屋架。柱顶用杈形榫架楼阁栅，再用藤篾绑牢。屋顶的盖法是在端山架上架脊柱子，上架脊桁。再由两侧墙顶架斜梁交于脊桁上，起屋架功能，承载整个屋顶的重量，组成屋顶的三角形空间，上架桁椽，用茅草、木板或贡山特有的薄石板盖顶。木楞房的结构多为两开间结构，一室为堂屋，一室为耳屋。后来，随着锯子等工具传入贡山以后，怒族开始用刨光的木板来代替圆木为墙。

## 1.4.3 森林雕刻

自远古时代起，人类就以森林中获取的木、竹等为原材料进行雕刻。文字出现以前，古人在竹木上雕刻符号用以记事。后来，随着人们审美情趣的提高，雕刻逐渐成为一门艺术。

#### (1) 木雕

木雕艺术起源于新石器时期的中国，距今 7 000 多年前的浙江余姚河姆渡文化中已出现木雕鱼。秦汉两代木雕工艺趋于成熟，绘画、雕刻技术精致完美。施彩木雕的出现，标志着古代木雕工艺已达到相当高的水平。

唐代是中国工艺技术大放光彩的时期，木雕工艺也日趋完美。许多保存至今的木雕佛像，是中国古代艺术品中的杰作。宋代时期，木雕已采用组织细密的木材为载体进行制作，以利于木雕作品的传世。元、明时期海外贸易急速发展，许多由海外进口的硬质木材使木雕工艺得到长足发展。明、清期间是木雕艺术的一个辉煌时期，涌现出大量有史可考的名家、艺人及其作品，是古代木雕艺术的一个高峰。

木雕种类纷繁复杂，各大流派经过数百年的发展，形成各自独特的工艺风格。木雕流派大多是以地域区分的。如东阳木雕，乐清黄杨木雕，泉州木雕，广东潮州金漆木雕，福建龙眼木雕，北京宫灯，台湾木雕，宁波朱金木雕，云南剑川木雕，湖北木雕船，曲阜楷木雕刻，苏州红木雕刻，上海红木雕，南京仿古木雕，江苏泰州彩绘木雕，山西木雕，山东潍坊红木嵌根雕，上海黄杨、白木小件雕，辽宁永陵桦木雕，贵州苗族龙舟雕、面具雕，江西傩面具雕，湖北通山木雕、咸浦邦木雕，天津木雕，东山海柳雕，等等。其中最著名的是泉州木雕、东阳木雕、乐清黄杨木雕、广东潮州金漆木雕、福建龙眼木雕，这五大流派被称为“中国五大木雕”。

木雕工艺品是人们喜爱、收藏的艺术品类之一，种类很多，分类方法也不统一。据专家介绍，木雕大体可以分为工艺木雕和艺术木雕两大类。工艺木雕又可分为观赏性和实用性两种。观赏性木雕是陈列、摆设在桌台、几、案、架之上供人观赏的艺术品。它利用立体圆雕的工艺技术雕刻而成，常以飞禽走兽、花鸟鱼虫、海洋生物、十二生肖等为题材。实用性木雕是利用木雕工艺装饰的、实用与艺术相结合的艺术品，如宫灯、镜框、笔架、笔筒、首饰盒、储蓄罐以及家具雕刻等。艺术木雕构思巧妙、内涵深刻，能反映作者的审美观和艺术技巧，充分体现出木雕艺术的趣味和环保的材质美。艺术木雕通常具有较高的观赏价值和收藏价值。

**(2)竹雕**

竹雕也称竹刻，是在竹制的器物上雕刻多种装饰图案和文字，或用竹根雕刻成各种陈设摆件。竹雕在中国由来已久，早期通常是将宫室、人物、山水、花鸟等纹饰刻在器物之上。竹雕艺术自六朝始，直至唐代才逐渐为人们所识和喜爱，发展到明清时期达到鼎盛。明代的竹雕风格大多浑厚质朴、构图饱满，刀工深峻，而且线条钢劲有力，图案纹饰布满器身。清代前期的竹雕制品带有明代的遗风，但表现技法更为丰富多样，浅刻、浅浮雕的技法同时并用。有的雕刻作品雕刻简练、古朴大方，有的精工细作、纹饰繁密，变幻无穷。雕刻的方法主要有阴线、阳刻、圆雕、透雕、深浅浮雕和高浮雕等。

中国竹雕艺术于明末清初成熟后，流派逐渐形成。具有代表性的有嘉定派、金陵派、浙派、徽派。除了地区形成的流派艺术外，还有一些雕刻家在继承前人、推陈出新方面做出了贡献，发明了有别于地区流派之外的新技法。其中，最具代表性的是李耀、张步清、马根仙、邓孚嘉、尚勋、时学庭和时钰两兄弟等人。

明朝以前的竹雕作品，主要是日常生活用品、用具，其中也包括一些祭祀品。明清时期，竹雕制品从日常生活用具，逐渐发展为兼重实用性和艺术性的工艺品，其中还有一些为纯艺术性的陈设品。清前期，品种除笔筒、香筒外，臂搁、山水、人物等也被大量制造，制作秀雅有致。清后期，器物种类多为扇骨、臂搁等，也包括群仙祝寿、三羊开泰等大件题材，同时流行小像写真、篆刻金石文字及铭文诗篇，作品强调再现书画笔墨。

## 1.4.4 森林音乐

所谓森林音乐，可以指森林本身传达给人类的听觉享受，也可以指使用森林竹木等材质制作的乐器演奏的音乐，还可以指以森林为题材创作的各类音乐。

**(1)天然森林音乐**

森林中的一切发声之物都可以产生最自然、最淳朴、最令人神往的乐声。小溪中潺潺的流水声，清晨打破沉静的鸟叫声，夜空下清脆响亮的虫吟声，雨后吵闹的蛙鸣声，风吹树枝的哀嚎声，雨打树叶的沙沙声……每一种声音都是大自然给予人类最动听的音乐，使亲历者回味，令都市人向往。

**(2)乐器演奏音乐**

中国民族乐器材质多直接取自自然，以竹木材质最多，如吹奏乐器中的笙、芦笙、排笙、葫芦丝、笛等，弹拨乐器中的琵琶、筝、扬琴、古琴、阮、柳琴、三弦等，打击乐器中的木鼓，拉弦乐器中的二胡、板胡等。这些乐器充分利用不同竹木材质的特性，对东方韵律进行了独特表达。

除了以上乐器，树叶也最简单、最古老的演奏乐器。在我国，树叶演奏技艺广泛存在于苗、瑶、侗、彝、壮、布依、黎、土家、傈僳、阿昌、白、傣、水、哈尼、仡佬、仫佬、毛南、满、蒙古、藏、汉等民族。树叶虽小，但音色优美，独具风采。吹奏所用的树叶多种多样，但要选择优良的树种，通常采用榕树、樟树、橘、柚、杨、枫、冬青等无毒的树叶。著名树叶演奏家邱少春参与创作的大广弦独奏《乡音》、树叶与乐队合奏的《茶山韵》、树叶与舞蹈共同演绎的《情深谊长》、树叶与管乐配合的《家乡阿里山》、音乐专辑《风吹竹叶》等，都是当代树叶音乐杰作。

（3）森林题材音乐

以森林为题材创作的轻音乐深受听众的喜爱，其中最具代表性的当属班得瑞系列音乐，如《森林中的一夜》《森林之春》《春水》《初雪》等。森林狂想曲系列中的《晨歌》《野鸟情歌》《森林狂想曲》《沉睡森林》等作品也是人们神游森林之境的佳作。这些森林题材的音乐可以使现代都市人们暂时远离城市的喧嚣，使心灵神游自然，回归平静。

# 2. 森林文化与生物多样性

森林文化与生物多样性相辅相成，相互促进。森林文化中的很多精髓源自于自然界中的动物、植物、微生物以及由此构成的不同层次的生物多样性。森林哲学、森林伦理学中的一些认识与生物多样性有一定的映射联系，如多样性稳定性关系问题、竞争合作关系问题、个别与整体关系问题等。同时，森林文化又反作用于生物多样性，森林文化中人地和谐理念、敬畏尊重自然的观念，对生物多样性保护与传承起着重要的积极作用。如傣族的龙山、藏族的神山圣湖、彝族的密枝林等原始崇拜，都对民族地区的物种保护、多样性传承始终发挥着有益价值。

森林生态系统的完整性不应遭到破坏，维护森林完整性是处理森林新问题的首要原则。生物多样性是系统完整性、复杂性、稳定性的基础，利用森林时应不使生物多样性下降。森林具有商品价值和非商品价值，是多价值的统一。人类利用多价值的森林时应统筹利用，不能只看重其经济效益。在后工业时代，森林的生态效益应更受关注。

## 2.1 遗传多样性的文化启示——继承与发展

遗传是指经由基因的传递，使后代获得亲代的特征、性状。自然界之所以生生不息，得益于物种优良基因的传递。遗传变异是生物体内遗传物质发生变化而造成的一种可以遗传给后代的变异，正是这种变异导致生物在不同水平上体现出遗传多样性。人类文明、文化的延续和发展，如同自然界基因密码的传递，优秀部分得以保存传承，但同时为了适应环境的改变，又要不断推陈出新。

继承是发展的前提，发展是继承的必然要求，继承与发展是同一个过程的两个方面。继承与发展问题，遍及我们生活生产的各个领域。

中国传统文化源远流长，广博而影响深远。不同地域、不同民族在其繁衍生息间，创造了各自不同的民族文化，有差异也有共性，有优秀也有糟粕。因此，必须辩证地看待中国传统文化，秉持“取其精华，去其糟粕”的原则，正确对待中国传统文化，并赋予中国传统文化以新的时代精神，从而适应全球化的发展，符合现代青年人的文化需求。以儒家文化为例，儒家文化作为我国传统文化的主流思想，影响着一代又一代人，在中国文化史的发展过程中有着不可抹灭的痕迹。无论是君与臣，还是父与子、夫与妻，无不强调稳定次序和结构的必要性，但从现代人角度审视，又隐含着不公和对人性的摧残。儒家思想中的义利观、伦理观有很多思想值得当世继承和发扬。《周易大传》中“天行健，君子以自强不息”的刚健有为精神，《论语》中所提倡的舍生取义、见利思义、见危授命、“三军可夺帅，匹夫不可夺志”的品质和“士不可以不弘毅，任重而道远”的历史使命感，《孟子》中提出的“富贵不能淫，贫贱不能移，威武不能屈”的独立人格和“乐以天下，忧以天下”的忧患意识，“百善孝为先”的人伦情怀，都是新时代不能遗弃的文化宝藏。但是“三从四德”的女性观，“天不变道也不变”的自然观，“别尊卑，明贵贱”的封建等级观等，是需要剔除的。还有一些内容需要在发展中继承，如“民本”思想，将为帝王服务的“民本”发展为人民利益高于一切的社会主义观念。

人类文明始于文字的发明，从时间跨度上已有七八千年，但真正把科学技术广泛应用到生产上，并进一步引起社会的巨大变革也就300多年的时间。从哥白尼、伽利略开始，以观察、实验为基础的近代科学诞生以来，在西方国家先后有多次科学技术的继承与超越。16世纪中叶，以意大利为中心的中欧各国学习中国四大发明、古希腊罗马的科学，发生了文艺复兴运动，使意大利的科学得到复兴，生产得到发展。17世纪，英国重视学习欧洲大陆科学技术，继而成为欧洲科学技术中心。18世纪，英国完成产业革命，成为“世界工厂”，实现了当时的工业现代化。19世纪初，德国学习引进英国技术，在办好技术教育的同时创办研究所，发展化学工业。1895年，德国在科学技术和经济上又超过了英国。19世纪下半叶，南北战争的胜利推动了美国科学与教育事业的发展，用聘请专家讲学与吸收外国科学家到美国工作的方式，使美国在电力技术之后在新兴工业方面不断取得新的突破。20世纪初，美国科学技术与经济实力超过了欧洲。第二次世界大战后，日本学习西方科技管理重于学习技术本身，通过引进技术并加以革新的方式，成为当时仅次于美苏的“经济大国”。这一系列历史事实，说明了继承与发展的辩证关系。

## 2.2 物种多样性的文化启示——对立与共生

物种多样性是生物多样性的中心，是生物多样性最主要的结构和功能单位，是指地球上动物、植物、微生物等生物种类的丰富程度。2011年，由美国夏威夷大学(University of Hawaii)和加拿大Dalhousie大学的Camilo Mora博士领导的海洋生物普查科学家公布了地球物种总数量的最新估计数字：870万种物种(正负误差130万)，其中650万种物种在陆地上，220万种生活在海洋深处。众多物种在生存大战中，形成了相互竞争而又相互依存的关系，在食物链上表现得尤为明显。食物链相邻等级中的物种，直接变现为“吃”与“被吃”的对立冲突关系，但若没有天敌的控制，“被吃”者也无法长久繁衍生存。如图9中“粮草——田鼠——狐狸”这条食物链，田鼠与狐狸是生存对立关系，但若没有狐狸对田鼠种群的控制，田鼠可能会对粮草带来灾难性后果，最终也会饿死。自然界中物种的多样性，实现了物种对立与共生的平衡，也给人类生存带来启示(图4-9)。

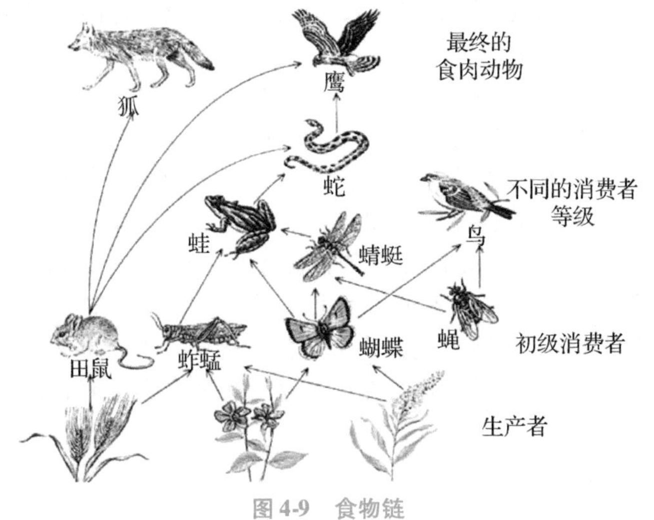


图4-9 食物链

竞争与合作是对立与共生的一种社会表现形态，国家或地区之间、不同行业或同行之间、同事之间，等等，都存在着必然的竞合关系。这种竞合关系体现在政治、经济、军事、文化、科技、体育等各种领域，也体现在人们日常工作和生活的方方面面。

以中国和美国两个大国为例，作为世界第一大经济体和世界第二大经济体，两国关系是现在地球上最重要，也是最复杂的双边关系。在两国整体性关系中，经贸关系主要起撮合作用，政治和军事关系主要起疏离作用。但在经贸关系中，又同样存在竞争关系，在政治、军事领域，两国也会因利益共同点而存在一定的合作。2013 年，一份名为《中美经贸关系的未来十年》的报告预计，到2022 年，中美两国将成为彼此全球最大的贸易伙伴。参与报告撰写的香港中文大学教授刘遵义通过比较人力资源、土地资源、研发资本等生产要素后得出结论，认为中美之间的巨大差异意味着两国比较优势重合的部分较少，因此，通过经济交流合作的收益较大。改革开放 30 多年来，随着中国综合国力的迅速提升，美国在军事领域一直视中国为最大假想敌。但在世界上规模最大的国际海上军演“环太平洋－2014”联合军演中，中国也首次出现，也将在某些领域与美国开展一些合作。

## 2.3 生态系统多样性的文化启示——差异与融合

地球的总生态系统由千万个子生态系统构成，从整体上分类，有自然生态系统和人工生态系统。其中，自然生态系统又有陆地生态系统、水域生态系统及作为过渡类型的湿地生态系统 3 个子类。三类生态系统尤其是陆地类和水域类生态系统的生态环境、物种构成均存在较大差异，但不同生态系统间也存在千丝万缕的联系，如不同系统间物质、能量的流动，甚至有些物种会在不同生态系统内流动，使不同生态系统产生一定的融合。

人类世界的文化形态也如同自然界，千差万别而又相互关联。大到不同国家、不同地区、不同民族，小到不同单位、不同村寨、不同家庭，文化相异相生。中西文化作为世界文化的重要组成部分，各自包含着丰富的内容，具有鲜明的特色。中国文化经过几千年的发展与演变，逐渐形成了自己的特色：在人与自然的关系上，注重和谐、秩序，信奉天人合一，不崇尚征服自然，而倾向于顺其自然；在人与社会的关系上，重视社会稳定，政治价值优先，强调集体主义精神，强调对国家和集体的无私奉献精神，肯定对国家和社会的报恩或献身意识，肯定上下级的忠诚关系，遵守纪律，官本位，官民一体化，习惯于“人治”，办事讲“关系”；在人与人的关系上，不突出个人，以家庭为本位，稳定家庭生活。中国传统文化就像是太极图，圆满、优美、包容性强，是内敛型的；而西方传统文化的图腾是十字架，锋芒毕露，刚劲有力，是发散型的。西方由宗教信仰演化而来的“天赋使命”观，使他们相信西方式的政治制度、价值观念、生活方式是最符合人性的，因而值得在全世界推广，这种基督救世文化传统决定了他们在对外交往中采取咄咄逼人的姿态。但是随着中国的对外开放，中国与世界早已不可分割，中国一直在努力“走出去”，西方世界也不可阻挡地“走进来”。在这个过程中，中国必须学会文化相处之道，采取“和而不同”。在与西方文化的交流中，我们既要学会发扬，也要学会舍弃，彼此促进，共同走上一个新台阶。

# 参考文献


武晶,刘志民.2014. 生境破碎化对生物多样性的影响研究综述[J]. 生态学杂志,33(7):1946－1952.

丁立仲,徐高福,卢剑波,等.2005. 景观破碎化及其对生物多样性的影响[J]. 江苏林业科技,32(4):45－57.

许再富,高江云,李保贵,等.2011,国家重点保护植物"迁地"与"近地"保护有效性的比较研究[J]. 中国植物园(15).

许再富,郭辉军.2014. 极小种群野生植物的近地保护[J]. 植物分类与资源学报,36(4):533－536.

陈芳清.2005. 濒危植物疏花水柏枝种群生物学和回归引种的研究[D]. 中国科学院植物研究所博士论文.

陈伟烈.2012. 中国的自然保护区[J]. 生物学通报,47(6):1－5.

陈录芝.1993. 中国的生物多样性现状及其保护对策[M]. 北京:科学出版社.

国家环境保护局.1998. 中国生物多样性国情研究报告[M]. 北京:中国环境科学出版社.

国家林业局野生动植物保护局.2002. 自然保护区生态保护教育[M]. 北京:中国林业出版社.

王献溥、刘玉凯.1994. 生物多样性的理论与实践[M]. 北京:中国环境科学出版社.

云南省林业调查规划院.1989. 云南自然保护区[M]. 北京:中国林业出版社.

田昆,等. 云南自然保护区生物多样性特征及其可持续发展[C]. 西南林学院生物多样性中心.

魏辅文,聂永刚,苗海霞,等.2014. 生物多样性丧失机制洋酒进展[J]. 科学通报,59(6):430－437.

文彬.2007. 生物多样性保护基础[M]. 昆明:云南民族出版社.

安妮. 马克苏拉克.2011. 生物多样性—保护濒危物种[M]. 李岳,田琳,译. 北京:科学出版社.

赵斌.2002. 生物多样性信息管理概论[M]. 成都:四川教育出版社.

田兴军.2005. 生物多样性及其保护生物学[M]. 北京:化学工业出版社.

马敏、张三夕.2001. 东方文化与现代文明[M]. 武汉:湖北人民出版社.

苏祖荣.2009. 森林哲学散论[M]. 上海:学林出版社.

张雅婷.2011. 试评罗尔斯顿自然价值论[J]. 山西财经大学学报,33(1).

张媖颀.2010. 森林伦理初探[D]. 哈尔滨理工大学. 硕士论文.

Fritz S A, Bininda-Emonds O R P, Purvis A. 2009. Geographical variation in predictors of mammalian extinction risk: Big is bad, but only in the tropics[J]. Ecol Lett, 12:538－549.

Dixon J D, Oli M K, Wooten M C, *et al.*. 2007. Genetic consequences of habitat fragmentation and loss: The case of the Florida black bear(*Ursus americanus floridanus*)[J]. Conserv Genet, 8: 455－464.

Newmrka W D, Stanley T R. 2011. Habitat fragmentation reduces nest survival in an Afrotropical bird community in a biodiversity hotspot[J]. Proc Natl Acad Sci USA, 108: 11288－11493.

Zhu LF, Zhan XJ, Meng T, *et al.*. 2010. Landscape features in fluence gene flow as measured by cost-distance and genetic analysis: A case study for giant pandas in the Daxiangling and Xiaoxiangling Mountain[J], BMC Gente, 11: 72.

Alejandro R, Miguel D. 2003. Population fragmentation and extinction in the Lberian Lynx[J]. Biological Conservation, 109(3): 321－331.

Kerr J T, Deguise I. 2004. Habitat loss and the limits to endangered species recovery[J]. Ecol Lett, 7: 1163－1169.

Cosson J F, Ringute S, Claessens O. Ecological changes in recent land-bridge islands in French Guiana, with emphasis on vertebrate communities[J]. Biological Conservation, 91(2): 213－222.

Michel B. 2003. Effect of habitat fragmentation on dispersal in the butterfly*Proclossiana euomia*[J]. Comptes Rendus Biologies, 326: 200－209.

# 附录:与生物多样性保护相关的部分组织简介

**1. 世界自然保护联盟(International Union for Conservation of Nature,IUCN)**

于1948年在瑞士格兰德(Gland)成立。由全球81个国家、120个政府组织、超过800个非政府组织、10 000个专家及科学家组成,共有181个成员国。旨在影响、鼓励及协助全球各地的社会,保护自然的完整性与多样性,并确保在使用自然资源上的公平性及生态上的可持续发展。IUCN的三大支柱是会员组织、6个科学委员会和专业秘书长。

**2. 联合国教科文组织(United Nations Educational,Scientific and Cultural Organization,UNESCO)**

是联合国(UN)旗下专门机构之一,简称联合国教科文组织(UNESCO)。该组织于1946年11月6日成立,总部设在法国巴黎。其宗旨是促进教育、科学及文化方面的国际合作,以利于各国人民之间的相互了解,维护世界和平。2011年11月23日,联合国教科文组织正式接纳巴勒斯坦,成为第195个成员国。北京时间2013年11月5日22时30分,中国教育部副部长、中国联合国教科文组织全国委员会主任郝平作为大会惟一候选人正式当选联合国教科文组织第37届大会主席,任期两年。这是联合国教科文组织成立68年来,中国代表首次当选“掌门人”。

**3. 世界野生生物基金会(World Wildlife Fund International)**

世界上最大的从事自然和野生动物保护的国际组织,成立于1961年,总部设在瑞士格兰德,在加拿大、法国、澳大利亚、比利时、美国、日本等24个国家设有分部。

**4. 全球环境基金(Global Environment Facility,GEF)**

1990年11月,25个国家达成共识建立全球环境基金,由世行、UNDP(联合国开发计划署)和UNEP(联合国环境规划署)共同管理。1991年3月31日,21个国家捐款约1.4亿美元作为3年(1991年—1994年)试运行期的运行资金。正式运行期的GEF第一期(1994年7月1日—1998年6月30日)总承诺捐资额为20.2337亿美元,中国捐款560万美元。GEF第二期(1998年7月1日—2002年6月30日)的总承诺捐资额为19.9128亿美元,中国捐款820万美元。2002年8月,GEF第三期增资谈判结束,各国承诺新增捐款额约22.1亿美元,中国承诺捐款951万美元。

**5. 联合国开发计划署(United Nations Development Program,UNDP)**

是联合国技术援助计划的管理机构。1965年11月成立,其前身是1949年设立的“技术援助扩大方案”和1959年设立的“特别基金”。总部设在美国纽约。

**6. 联合国粮食及农业组织(The Food and Agriculture Organization of the United Nations,FAO)**

简称联合国粮农组织,是联合国专门机构之一,各成员国间讨论粮食和农业问题的国际组织。其宗旨是提高人民的营养水平和生活标准,改进农产品的生产和分配,改善农村和农民的经济状况,促进世界经济的发展并保证人类免于饥饿。截至2010年7月,共有192个成员国。

**7. 联合国环境规划署(United Nations Environment Program,UNEP)**

是联合国系统内负责全球环境事务的牵头部门和权威机构,总部设在内罗毕,在欧洲、北美、亚太等设有6个区域办事处,在布鲁塞尔、纽约、开罗和日内瓦设有4个联络处。

**8. 世界自然基金会(World Wide Fund For Nature,WWF)**

是在全球享有盛誉的、最大的独立性非政府环境保护组织之一,自1961年成立以来,WWF一直致力于环保事业,在全世界拥有近520万支持者和一个在100多个国家活跃着的网络。

**9. 国际野生生物保护协会(The Wildlife Conservation Society,WCS)**

成立于1895年,总部位于美国纽约,是世界上最大、最有成就的非营利非政府组织之一,致力于保护野生生物及其栖息地。截至2013年,在亚洲、非洲、拉丁美洲及北美洲的64个国家开展有500多项野外项目。WCS之所以致力于保护自然,是因为这对保持地球上的生命完整性是必需的。自1895年以来,WCS就以布朗克斯动物园为总部,在全世界开展野生生物及野外自然栖息地的保护工作。

**10. 绿色和平组织(Greenpeace)**

是一个国际环保组织,旨在寻求方法,阻止污染,保护自然生物多样性及大气层,以及追求一个无核(核武器)的世界。1971年,12名怀有共同梦想的人从加拿大温哥华启航,驶往安奇卡岛(Amchitka),去阻止美国在那里进行的核试验。他们在渔船上挂了一条横幅,上面写着“绿色和平”,他们的行动触发了舆论和公众的声援。1972年,美国放弃在安奇卡岛进行核试验。在此后的30多年里,绿色和平逐渐发展成为全球最有影响力的环保组织之一,他们继承了创始人勇敢独立的精神,坚信以行动保护地球环境。同时,通过研究、教育和游说工作,推动政府、企业和公众共同寻求环境问题的解决方案。

**11. 自然之友(Friends of Nature)**

全称为“中国文化书院·绿色文化分院”,会址设在北京,是中国民间环境保护团体。作为中国文化书院的分支机构,于1994年3月经政府主管部门批准,正式注册成立。

**12.《联合国气候变化框架公约》(United Nations Framework Convention on Climate Change,UNFCCC,简称《框架公约》)**

是一个国际公约,是联合国政府间谈判委员会就气候变化问题达成的公约,于1992年5月在纽约联合国总部通过,1992年6月在巴西里约热内卢召开的联合国环境与发展会议期间开放签署。1994年3月21日,该公约生效。《联合国气候变化框架公约》是世界上第一个为全面控制$CO_2$等温室气体排放,以应对全球气候变暖给人类经济和社会带来不利影响的国际公约,也是国际社会在对付全球气候变化问题上进行国际合作的一个基本框架。

**13.《生物多样性公约》(Convention on Biological Diversity,CBD)**

是一项保护地球生物资源的国际性公约,于1992年6月1日由联合国环境规划署发起的政府间谈判委员会第七次会议在内罗毕通过;1992 年 6 月 5 日,由签约国在巴西里约热内卢举行的联合国环境与发展大会上签署。公约于 1993 年 12 月 29 日正式生效。常设秘书处设在加拿大蒙特利尔。联合国《生物多样性公约》缔约国大会是全球履行该公约的最高决策机构,一切有关履行《生物多样性公约》的重大决定都要经过缔约国大会的通过。

**14.《濒危野生动植物物种国际贸易公约》(Convention on International Trade in Endangered Species of Wild Fauna and Flora,CITES)**

1963 年,由国际自然与天然资源保育联盟(International Union for Conservation of Nature and Natural Resources,IUCN)各会员国政府起草签署,在 1975 年正式执行。这份协约的目的主要是通过对野生动植物出口与进口限制,确保野生动物与植物的国际交易行为不会危害到物种本身的延续。由于这份公约是在美国的华盛顿市签署的,因此又常被简称为《华盛顿公约》。

**15.《关于特别是作为水禽栖息地的国际重要湿地公约》(Convention on Wetlands of International Importance Especially as Waterfowl Habitat,简称《湿地公约》)**

为加强对湿地的保护和利用,1971 年 2 月 2 日,来自 18 个国家的代表在伊朗南部海滨小城拉姆萨尔签署了这一公约,于 1975 年 12 月正式生效。为了纪念这一创举并提高公众的湿地保护意识,1996 年《湿地公约》常务委员会第 19 次会议决定,从 1997 年起,将每年的 2 月 2 日定为世界湿地日。